现代食品工厂建设要点及案例解析

姜兴茂 编著

U0392914

化学工业出版社

·北京·

内 容 简 介

本书从建设方角度出发，探究参建各方在复杂现代食品工厂建设过程中科学合理参与的基础和相互间的权责边界。全书共分为四章，第一章讲述食品工厂规划建设的阶段性和复杂性；第二章讲述依法报建，包括立项和可行性研究、建设前期法规关联性、工程验收等内容；第三章讲述依规设计，包括建厂选址、工艺设计与总体规划等内容；第四章讲述甲方施工管理，包括合同、质量、安全、进度等方面的管理。

本书适合与食品加工和类似工厂工程建设有关的甲方单位、设计单位、施工单位、监理单位、造价单位、第三方管理公司等机构中的专业人员阅读使用。

图书在版编目（CIP）数据

现代食品工厂建设要点及案例解析/姜兴茂编著. —北京：化学工业出版社，2021.11（2022.9重印）
ISBN 978-7-122-39731-7

Ⅰ.①现…　Ⅱ.①姜…　Ⅲ.①食品厂-建设-案例　Ⅳ.①TS208

中国版本图书馆 CIP 数据核字（2021）第 165925 号

责任编辑：毕小山　　　　　　　　装帧设计：刘丽华
责任校对：杜杏然

出版发行：化学工业出版社（北京市东城区青年湖南街 13 号　邮政编码 100011）
印　　　装：涿州市般润文化传播有限公司
850mm×1168mm　1/32　印张 4　字数 115 千字
2022 年 9 月北京第 1 版第 2 次印刷

购书咨询：010-64518888　　　　　　售后服务：010-64518899
网　　址：http://www.cip.com.cn
凡购买本书，如有缺损质量问题，本社销售中心负责调换。

定　　价：58.00 元

前　　言

食品加工已经从传统走向现代，从手工作坊发展为工业化大规模生产，更向智能自动化的工业 4.0 时代迈进。面对食品市场快速发展、食品分类越来越细、新品研发层出不穷、投产上市越来越快的需求，食品工厂的建设周期和成本控制越来越重要。为了满足园区规划、土地利用、食品安全、环境保护、人工成本等要求，食品工厂的规划建设也越来越复杂。

大型食品工厂都有较多的产线品类，细分品项众多，为了适应市场快速变化，产线能力还需要灵活可变。食品工厂的复杂特性在于它脱离"单机作坊"还不久，生产过程无法全部实现工业化，仍有大量人力操作。食品配方的观感变化导致生产方案不断调整，需要不断调整生产工艺和增减设备。复杂食品工厂除加工、仓储、能源、办公、辅助设施外，还特有制冷、洁净、气动、蒸汽、环保等设施，也有防尘、防爆、降噪、除味、参观、展示等功能。

现代食品工厂的规划建设从立项选址到运行达产过程复杂，涉及多个管理阶段，每个阶段都有大量的横向关联设计和管理。本书分析现代食品工厂建设的重要环节和关联关系，阐述科学建厂、协调生产需求和工程建设的价值共性与矛盾，提出食品工厂在不同的发展阶段和目标下，科学合理的规划建设过程。

本书不是一本食品工厂建设管理的详细参考手册，而是从建设方角度出发，探究参建各方在复杂现代食品工厂建设过程中科学合理参与的基础和相互间的权责边界。工程建设过程是不断调整、修正规划设计和实施的过程，过程管理的重中之重是相关各方的目标协调。对工厂建设有重要影响的因素，除自身需求外还有政策法规、设计、施工、设备供应商等。科学合理建设问题不仅存在于食品工厂项目中，也普遍存在于各类投资建厂项目中。

投资建厂是经济开发区发展的主要内容，也是政策扶持和招商引资的重要环节。建厂项目作为建筑行业中规模较小的个性化单体，有行业发展的普遍问题，也有特性问题。

投资建厂项目在政府与企业的合作中，在企业与设计方、施工方，以及咨询、供货各方的合作中都有较多类似问题。合作双方都因对方的拖延和变更而被动地改变节点计划、成本预期和考核指标等。政府招商和发改部门在落实引资政策的同时也要求企业投资建设的时间计划,政府既要努力满足企业在土地、市政条件和各项审批方面的条件,同时也要求完成经济发展增量和指标。

企业要依靠营商环境实现投资建厂,也要达到政府要求的投资强度和经济效益。企业既要实现投产计划,又要不断调整应对市场和经营变化。设计方既要依据法律和规范设计,又要提供经验丰富、反应快速的设计成果。施工企业因激烈竞争不断降低施工成本,又在不断调整变更中需要进度快、质量好的管理能力。

建设各方合作的出发点是责任和目标,过程变化导致各方无法兑现责任,也无法实现目标。如何在合作初始达成科学合理的约定,做出合理的承诺和要求?政府如何依法依规引领发展营商环境?企业如何按经营能力科学合理地组织投资建设?设计单位如何恪守设计规范全面完善地提供设计服务?施工方如何依建设能力和施工标准实现重合同、守信用的工匠精神?

食品工厂的规划建设还远没有发展到标准化、模块化的可复制阶段,与其他工业项目比较,现代食品工厂的规划建设仍有更多的工艺与配方、产能与设备、选址与规模、设计与成本等管理问题需要探究。主题仍是如何快速发展、满足需求,实现科学、合理的共赢关系。

姜兴茂

2021 年 4 月

目　　录

第一章 食品工厂规划建设的阶段性和复杂性

食品配方的差异性和生产工艺的多样性是食品工厂规划设计复杂多变的根源。

第一节　食品工厂建设发展的阶段

一、四个阶段的划分

食品加工设备从手工到机械，从单一到集成，从半自动化生产线到自动化生产线；管理从自发到研发，从智能到智慧。进入 21 世纪，食品工厂仍是工业 2.0 到工业 3.0 各个阶段的混合发展。因行业发展多变而复杂，食品工厂规划建设远远跟不上行业需要的速度与灵活性。

工艺是生产和管理的灵魂。工艺发展程度决定装备成本和管理效果。好的工艺可以降低装备成本、提高管理，不合理的工艺浪费设备、降低管理。工艺发展是设备、生产线、管理系统发展的前提和中心。

食品工厂规划建设因生产发展需要而不断提升。满足使用需求是规划建设的出发点。食品工厂规划在不同时期提升的重点不同，从初级到高级可分为四个主要阶段，实际规划过程是多种需要的混合发展（表 1-1）。

表 1-1　食品工厂建设发展的四个阶段

阶段	第一阶段 设备发展	第二阶段 生产线发展	第三阶段 自动化发展	第四阶段 智能化发展
发展过程	主辅设备研发	生产线研发	管理系统研发	智慧系统研发
阶段标准	设备参数标准	生产线标准	自控管理标准	智慧管理标准
工艺发展	工艺核心化	工艺全程化	工艺集约化	工艺数字化
自动化程度	单机自动化	车间自动化	全厂集中化	综合自动化
劳动特征	中重度劳动主导	中度劳动主导	轻度劳动主导	辅助劳动主导
历史阶段	工业 2.0	工业 2.0 向工业 3.0	工业 3.0	趋向工业 4.0
规划建设	概念和空间	功能和标准	模式和效率	智能和智慧

二、各阶段的内容和特点

第一阶段是设备发展阶段。食品工厂规划在这个阶段的主要成果是核心生产设备和辅助生产设备从不完善达到完善，是生产设备完善、研发、提升、确认的过程。在这个阶段，通过研发和试验获得适合的、效率领先的设备，明确对设备的特性要求，形成详细的设备功能参数。与这个阶段相反的表现是设备选择偏离后的闲置，这个阶段仍存在劳动密集程度高的问题。

第二阶段是生产线发展阶段。在设备研发完善后，工厂规划寻求生产线的提升和完善。在这个阶段的规划过程中，劳动强度大幅降低，人员数量大量减少，食品工厂建设开始迈向自动化。生产线发展核心仍是生产工艺的研发提升。这个阶段主要是自动化硬件的研发完善，仍存在劳动密集和生产线效率不足的情况。

第三阶段是自动化发展阶段。这个阶段是自动化软件和智能管理系统的研发发展，是达到自动化生产线高效、节约和满足各项管理目标不断完善提升的过程。在这一阶段中，工作强度和工人数量大幅度降低。

第四阶段是智能化发展阶段，即智慧工厂的发展过程。展望工业4.0，食品工厂建设还有更大的发展空间。

第二节　食品工厂规划建设的复杂性

食品工厂规划建设有复杂多变的特点。其原因是食品工艺和品类变化快，新品层出不穷，一个工厂的产品类别少的有几十种，多的有几百种。对食品工厂规划建设的复杂性要有深入的认识。有了认识才能总结经验，把经验变为规则才能提高效率。

经验需要总结，没有总结就形成不了标准。以个人经验为主，必然随意性大。建筑的特点之一就是差异性，也决定了其特殊性。住宅项目复杂程度差别不大，因为人的居住需求差别不大。工业项目需求差别大。有的工业厂房很简单，一个大棚、一个吊车就可以。轻工类在工业项目中是复杂的，食品工厂在轻工类项目中又是更为复杂的，因为它脱离"小作坊"还不久，还是"不伦不类""不土不洋"。一般的加工、仓储、水、电、风、温度、洗衣、食宿都要有，还需要有制冷、洁净、气动、蒸汽、燃气、锅炉、水处理、气处理、垃圾处理、智能处理等设备。有防尘还要有防爆；有湿度还要有干燥；有热水还要有加压；有降噪还要有除味；有通风还要有隔离；有人流还要有物流；有自由门、感应门，还要有快速滑升门；有参观还要有展示；有电梯还要有提升机。

从手工到设备，从半自动到全自动，从智能到智慧，生产工艺越来越复杂，空间布置和各系统、区域配置参数需求越来越多，过程中的经验参数、使用参数也出现得更多。

第三节　食品工厂的适度规模

一、规模复杂性分析

食品工厂的生产加工厂房应该规划为一层还是二层？单层多大面积合适？工厂规模方案是影响规划设计周期和建设周期长短的关键因素。厂房是否好用主要是由规划是否合理决定的。

食品行业产品繁多，食品加工生产设备多种多样，导致食品工厂的规划设计千差万别。不同企业有不同的规划设计思路，同一个企业也不断变化调整生产管理和工艺规划，以致每一个工厂管理者都有不同的、独特的规划设计看法。"每一个管理者都有一个工厂方案。"

单体生产加工厂房在空间上是指一个建筑单体。单体生产加工厂房内包含若干个加工间、生产间、辅助间、包装间等。在一个生产加工厂房内，规划一个种类生产线的是简单规划，规划两个种类生产线的是适度规划，规划三个及三个以上种类生产线的是复杂规划。简单规划的设计周期、建设周期比较短，使用效率和合理性高。适度规划的设计周期、建设周期也适度，使用效果比较好。复杂规划的设计周期、建设周期比较长，过程修改、调整周期很长，使用效果也相对较差。

根据建筑消防法规中对疏散距离的规定，结合生产设备布置需求，单层厂房的短向宽度在 80m 以内为宜。长度方面设置防火分区后可以很长。从人流路线长度和工人往返岗位到更衣室、卫生间的路线来看，单体厂房长度在 160m 以内为宜。单层食品厂房的面积为 13000m² 比较适度。对于二层以上的食品生产厂房，每层在 10000m² 以内为宜，每层面积在 6000m² 以内时规划设计比较简单。厂房内设计的机房、配电、办公、仓储等辅助功能越少，规划越简单。仓库、动力房、办公、垃圾房等配属功能是否独立单体设计，如何在厂区内排列布置，特别是在厂区较大，规划多个生产加工厂房时，合理适度规划单体厂房和厂区整体布置，是缩短规划设计周期和建设周期，提高使用效率和降低管理成本的关键。

二、规模复杂性与效果

不同生产线需要的空间和辅助加工间差别较大，合适的单体厂房规模需要在总结经验的基础上，结合生产设备和工艺复杂情况进行综合规划。单一厂房内规划方案与使用效率和建设周期的关系如图 1-1 和图 1-2 所示。

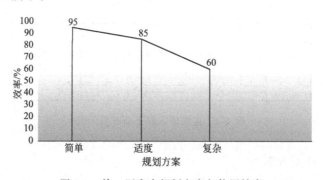

图 1-1 单一厂房内规划方案与使用效率

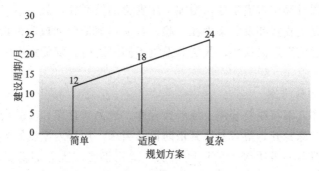

图 1-2 单一厂房内规划方案与建设周期

第四节　生产厂房的总体布置

一、生产厂房单层布置方案

生产厂房单层平面布置主要分为直线型方案、U型方案、单体方案。

1. 直线型方案

直线型方案的优点是进货广场和发货广场分开两面，不互相影响。厂房内从原料处理到生产过程也是直线方向，流线简洁。缺点是需要厂区有两面广场，厂房内的布置不紧凑。适用于原料进货和成品发货品种多、发货时间集中、发货强度大的工厂（图1-3）。

图1-3　直线型方案平面布置示意

2. U型方案

U型方案有利于减少厂房内的空间浪费。各工序非常接近，一人可以同时操作多道工序，增加工序安排的灵活性，提高生产线平衡率。缺点是收货和发货集中在一起，容易造成原料和成品的混乱。U型方案适用于厂区狭小，收货和发货不同时进行，发货强度小的工厂（图1-4）。

3. 单体方案

单体方案将原料仓库、原料暂存库、成品暂存库、成品仓库和生产加工按栋分开，更容易达到消防设计要求。厂房内流线简单，布置简洁，但需要占用较大的厂区面积，适用于有较大仓储需要的工厂（图1-5）。

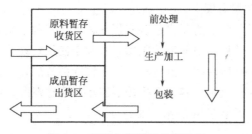

图 1-4　U 型方案平面布置示意

图 1-5　单体方案平面布置示意

二、生产厂房立体布置方案

生产厂房立体布置方案分为二层布置方案、三层布置方案和立体空间方案。

1. 二层布置方案

二层布置方案能较好地提高工厂容积率，达到规划要求。优点是厂房内的布置比较紧凑，厂房使用效率较高。二层生产加工后的成品可以利用重力从管道中方便地输送到一层对应的包装设备上，上层设备和下层设备位置对应输送距离短。缺点是工厂内流线比较复杂，暂存库较多，不同的功能区较多，如果生产线和产品较多，就会更加复杂（图 1-6）。

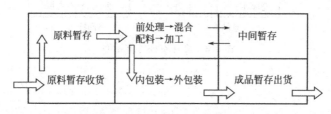

图 1-6　二层布置方案示意

2. 三层布置方案

三层和三层以上的厂房建筑容积率较大，有利于垂直布置生产工艺，节约生产过程的中间运输距离，有利于使用自动化程度高的生产设备。缺点是厂房内生产流线和工人流线穿插各层，需要的提升电梯较多。厂房内管道多，容易产生楼层漏水和管道泄漏，维修管理难度大，改造时上下层互相影响（图1-7）。

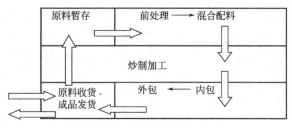

图 1-7　三层布置方案示意

3. 立体空间方案

立体空间方案适用于产能大，原料、成品存储量大，需要建设立体自动化仓库和采用自动化输送管道的工厂。不利方面是需要生产工艺成熟，生产工艺集中程度高。立体空间方案的立体管道和设备较多，建设成本和自动化设备采购、管理成本较高（图1-8）。

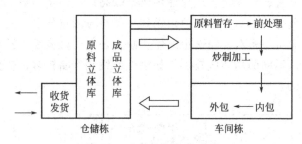

图 1-8　立体空间方案示意

第二章

依法报建

建筑法规是保证建筑工程质量和安全，规范建设各方行为和保障各方权益的基础，也是政府部门依法审批、依法管理的准则。随着各行业快速发展，依法施政、依法建设将越来越完善。建设方是投资主体，是项目利益的核心，更需要法规保护，违反法规建设必然导致利益损失和承担更多风险。

第一节　立项和可行性研究

现代食品工厂的投资管理可参考政府审批制度，包括项目建议书审批、可行性研究报告审批等。

一、项目建议书

项目建议书又称项目立项申请书或立项申请报告。是由项目投资主体向计划发改部门上报的文件，目前仍应用于国有投资项目政府立项审批中。项目建议书从宏观上论述项目设立的必要性和可能性，把项目投资的设想变为简要的投资建议。项目建议书供审批机关作出是否开展的初步决策。它可以减少项目选择的盲目性，为下一步可行性研究打下基础。撰写项目建议书是项目立项的基础工作，项目建议书审查合格后才能开展可行性研究报告。

二、可行性研究报告

可行性研究报告简称可研报告，是全面调查研究和分析论证项目可行性的书面报告，一般委托第三方编制。国有投资和外资项目的可行性研究报告批复后，列入政府年度投资计划。可研报告从技术、经济、工程等方面进行分析比较，并对项目建成以后可能取得的财务、经济效益及社会影响进行预测，从而提出该项目是否值得投资和如何进行建设的咨询意见，是为项目决策提供依据的综合性分析文件。可研报告内容涵盖项目建设的设想、依据、资源、条件和目标，是编制项目设计任务书和设计方案的重要依据。

三、投资估算

国外项目在前期按照可行性研究的不同阶段进行从初步到详细的投资估算。国内项目投资估算分为项目建议书阶段的投资估算和可研报告阶段的投资估算。可研报告阶段的投资估算作为政府投资限额的审批依据。

四、初步设计

国有投资的重大及特殊项目仍有设计方案审批、初步设计审批和施工图审批三个环节。可行性研究报告中包含的初步设计方案是可研报告中的指标依据，也是投资估算的依据。规划部门根据项目复杂程度可以要求先报送设计方案，设计方案经规划部门审查批准后方可进行初步设计。初步设计的依据是可行性研究报告，是根据可行性研究报告对项目各个分部进行的深化设计，是编制项目概算的依据，初步设计是可研报告和施工图之间的桥梁。复杂大型项目还有扩大初步设计阶段。

五、投资管理法规

2019 年，国务院发布《政府投资条例》，其中第十一条内容如下。

投资主管部门或者其他有关部门应当根据国民经济和社会发展规划、相关领域专项规划、产业政策等，从下列方面对政府投资项目进行审查，作出是否批准的决定：

① 项目建议书提出的项目建设的必要性；

② 可行性研究报告分析的项目的技术经济可行性、社会效益以及项目资金等主要建设条件的落实情况；

③ 初步设计及其提出的投资概算是否符合可行性研究报告批复以及国家有关标准和规范的要求；

④ 依照法律、行政法规和国家有关规定应当审查的其他事项。

改革开放以来，国家对非国有的社会企业投资逐步放开了立项审批程序。2004 年发布的《国务院关于投资体制改革的决定》打破了原有项目审批制度，实行新的审批、核准、备案制，对政府投资项目实行立项审批，对于企业不使用政府投资建设的项目，一律不再实行审批制，区别不同情况实行核准制和备案制。"政府仅对重大项目和限制类项目从维护社会公共利益角度进行核准，其他项目无论规模大小，均改为备案制，企业投资建设实行核准制的项目，仅需向政府提交项目申请报告，不再经过批准项目建议书、可行性研究报告和开工报告的程序"。备案制由省级政府制定实施办法，只需提供更加简化的项目说明等。

《国务院关于投资体制改革的决定》提出按照"谁投资、谁决策、谁收益、谁承担风险"的原则，落实企业投资自主权；加强行业自律，促进公平竞争。通过深化改革和扩大开放，最终建立起市场引导投资、企业自主决策、银行独立审贷、融资方式多样、中介服务规范、宏观调控有效的新型投资体制。2017年起施行的《企业投资项目核准和备案管理条例》具体规定了简化后的企业投资立项审核方式。

国家政策不断改革简化，对企业的投资项目监督越来越放开，完全由企业自主决策，企业同时也自行承担投资风险。

第二节　项目选址

选址对食品工厂建设有着极其重要的影响。选址好坏形成项目寿命期内的优势和劣势，是影响项目各阶段利益的最重要方面。

一、项目选址的历史发展

项目选址有三个历史发展阶段。计划经济时期主要是分析区域位置的环境利弊，是传统选址。主要原则是靠近有利地点，如原料、能源、销售产地、交通便利；远离不利地点，如文物保护区、危险区域；考虑污染关系、地形、地质灾害、风向等。

市场经济发展初期的选址主要是评估经济效益，这个阶段的选址称为经济选址。比如：地方产业扶持政策、绿色通道、税收免减优惠、配套资金、信贷支持、返还投资等。市场化经济发展中后期，随着国家投资法规的不断出台，这些招商引资政策越来越少，地方政府也逐步设置投资额、建设期和纳税等投资门槛。

经济改革深入发展到依法施政、绿色环保和持续科学发展阶段，地方政府在发展经济的同时也必须遵守规划、环保、节能减排、持续发展等政策法规。在政府招商和企业投资的博弈中，越来越多地体现出依法投资、依法建设。对于投资方还需要评估选址区域的各项法规实施情况，避免不合法约定导致建设过程中长时间调整和纠偏弥补。这个阶段称为依法选址。依法选址一方面是评估已有条件和招商承诺条件的合法性，以及投资建设的合法性；另一方面是考虑河道、高速、高压走廊等特殊法规要求，包括土地征迁、用地指标、区域规划、区域环评、区域污染源、垃圾处理、环保排放要求和各项选址评估等。

二、选址的内容和原则

选址在传统理论上分为建设地区选择和建设地点选择。选择建设地区称为选点，是区域布局方案。选择建设地点称为定址，是从市场布局到区域内具体位置，是先选点后定址的过程。选点和定址对食品工厂的长期规划发展都很重要。

选点的基本要求有两个大方面。一方面是在国民经济发展总体规划指导下，按照产业合理布局的原则进行选点。具体是根据自然资源、原料、燃料和消费地等方面选择，根据生产原料、利用能源、产品的特性选择靠近原料产地或者消费地的区域。另一方面是备选地点的建设条件评选，包括建设费用、市场供需、原料、能源供应条件、劳动力资源、交通运输条件、生产技术协作条件，以及社会政治、经济、文化等状况分析。

影响定址的基本要素包括：厂区面积和形状、地形、地质、厂区外部道路运输、市政能源、周边生活服务、周边环境等。

食品工厂现阶段的场地选择原则主要有三个方面：一是以城市区域总体规划为依据；二是合理利用土地；三是高度重视环境保护要求和发展趋势。选择较大规模的食品工业园区有利于高效建设，获得产业聚集效应，符合规划、环保等法规，能够获得能源、政策等方面的支持。

选择的步骤包括准备、现场勘察、确定方案三个阶段。

1. 准备阶段

准备阶段需要成立由生产、建设、财务各方面有经验的专家组成的工作小组。工作小组根据工厂生产经营的总目标拟定建厂条件和指标，明确拟建工厂对厂址选择的要求，有生产工艺、生产规模、布置草图、用水、用电、用气、排水、运输量、劳动力等指标。收集核对拟建地区的规划、交通、地质、环境、政策等条件。

2. 现场勘察阶段

现场勘察阶段包括工作组与政府招商部门及建设、环保、规划等部门的详细沟通，进一步审核拟订方案。并进行详细的周边环境观察和社会、政策条件调查。

3. 确定方案阶段

确定方案阶段是从备选方案中比选确定。比选采取定性和定量的分析方法。具体采取分级计分法、重心平衡法、费用比较法等分析方法，综合评比选择。

科学合理的建厂选址需要科学合理的分析评选。企业可以参考传统理论制定简单可行的企业立项、可研、选址决策机制，避免选址不利导致的项目延期和建设、运营风险。避免未预见的环境缺陷和政策风险。

第三节　建设前期法规关联性

一、土地手续

2002 年 7 月起施行的《招标拍卖挂牌出让国有土地使用权规定》是土地政策的分水岭，终止了 20 世纪 80～90 年代的各种土地取得方式。该法令已废止，由《招标拍卖挂牌出让国有建设用地使用权规定》代替。近年更规范的国有土地使用权法规不断出台。土地法规日趋完善，但仍有很多项目因为土地复杂情况导致建设长期拖延。复杂情况主要是出让前的征地和用地指标问题，原因是地方政府土地储备不满足经济发展和快速开发的需要。

征地是将农民集体所有的农用地转变为国有建设用地的过程。征地手续是建设用地的"出生证"，包括征地表或征地协议等。涉农征地手续有三方主体：国土储备中心、被征地单位、用地单位。被征地单位一般是村民委员会。征地也涉及林业等其他性质用地。

为了投资建厂项目顺利进行，需要在签订合作协议前与招商部门确认征地手续。征地手续是顺利办理土地产权的重要前提，另外一个主要影响因素是用地指标。用地性质和规划条件是土地交易前由"土地利用总体规划"确定的，是国家、省市、开发区域批准的国土利用分级控制计划。一般工业项目的土地手续应按照已确定的条件和程序办理。各地的办理法规和具体程序略有差别。

① 土地出让前已有文件：征地表、区域规划和位置图、规划设计条件、拨地钉桩测绘报告、地形图等。该部分是用地条件，与投资方是否入驻无关。

② 土地出让过程中形成的文件有：竞买报价证明、成交确认书、出让金、交易税费收据和证明、国有建设用地使用权出让合同等。该部分在出让过程中连续办理完成。

③ 土地出让后办理的文件有：交地确认书、交桩记录、国有土地不动产权证。

二、立项备案

立项批复或立项备案是投资建厂前向政府申请的投资条件，是与政府的投资约定。支持文件是可行性研究报告和国土规划部门给出的规划条件。立项备案的各项数据对后续项目审批有总控作用。立项备案的项目名称、地点需要与后续申报文件一致。总投资是承诺政府的投资强度。生产设备数量和产能是环评报告和环评批复的依据。各项建筑面积是规划审批的限制条件。

发改部门对一般工业项目的备案审批不需要提供立项报告，仅需提供项目说明或项目声明。

三、单项评估

工程项目单项评价或评估分为三种情况。

① 一般项目必须办理的，不办理不能取得开工许可。比如：办理土地手续需要的"地质灾害危险性评估（灾评）"和"压覆矿产资源评估"，以及办理开工许可需要的"环评报告"。

② 一般项目需办理，但不影响开工许可，影响投产监管的。比如："安全评价（安评）""职业病危害预评价（职评）"。

③ 根据项目涉及的特殊行业、特殊地区等需要在立项备案前特别办理的。比如："水影响评价（水评）""能源评估（能评）""交

通影响评价（交评）""地震安全性评价（震评）""文物影响评估（文评）""雷击风险评估（雷评）""气象评估（气评）"等。

1. "安评"和"职评"

安全评价简称"安评"，由安全监管部门负责。职业病危害预评价简称"职评"，由卫生健康委负责。对于"安评"和"职评"，不同省市有不同的具体规定，在立项过程中需要咨询招商部门和当地监管部门。这两个评价都属于"三同时"管理，即：与主体工程同时设计，同时施工，同时投入生产和使用。与项目建设有关的重点法规如下。

（1）《中华人民共和国安全生产法》

第二十九条 矿山、金属冶炼建设项目和用于生产、储存、装卸危险物品的建设项目，应当按照国家有关规定进行安全评价。

（2）《食品生产企业安全生产监督管理暂行规定》

第九条 食品生产企业新建、改建和扩建建设项目（以下统称建设项目）的安全设施，必须与主体工程同时设计、同时施工、同时投入生产和使用。安全设施投资应当纳入建设项目概算。

（3）《中华人民共和国职业病防治法》

第十七条 新建、扩建、改建建设项目和技术改造、技术引进项目（以下统称建设项目）可能产生职业病危害的，建设单位在可行性论证阶段应当向安全生产监督管理部门提交职业病危害预评价报告……

（4）《建设项目职业病防护设施"三同时"监督管理办法》

第四条 建设单位对可能产生职业病危害的建设项目，应当依照本办法进行职业病危害预评价、职业病防护设施设计、职业病危害控制效果评价及相应的评审，组织职业病防护设施验收，建立健全建设项目职业卫生管理制度与档案。

建设项目职业病防护设施"三同时"工作可以与安全设施"三同时"工作一并进行……

"安评"和"职评"与生产设备、生产工艺和生产管理直接相关，涉及十几个分类法律和行政法规。工业项目建设需要结合企业安全管理和职业健康危害管理进行。"安评"和"职评"不是规划建设部门负责的开工手续和竣工手续必要文件，但是涉及安全生产监督管理部门、职业卫生监督管理部门和劳动保障行政部门。有关部门有权在建设过程中执行相关法规，有权在投产前和生产过程中进行监督、检查、处罚。

2. "环评"和污染物总量

环境影响评价简称"环评"。环评申报是开工前的必要条件，也是投产验收的重要环节。根据对环境的影响程度，环评可分为三个申报等级：环评影响登记表、环境影响报告表和环境影响报告书。影响程度是按照大气、水、噪声、土壤、人群、景观等分别的详细法规设定的。

《中华人民共和国环境影响评价法》（2018年修正版）第24条规定：建设项目的环境影响评价文件经批准后，建设项目的性质、规模、地点、采用的生产工艺或者防治污染、防止生态破坏的措施发生重大变动的，建设单位应当重新报批建设项目的环境影响评价文件。

环评审批文件对项目建设有以下几项重要的要求：

① 环评申报内容需要与投资立项备案的规模和设备数量一致；

② 环评审批确定废气、污水等各项污染物的单位排放标准和总排放量；

③ 验收严格，生产设备、环保设备的数量、工艺及其他内容与审批一致；

④ 若建设过程中有较大调整，则需要重新申请办理。

3. 主要污染物排放总量指标

"主要污染物排放总量指标"是建设项目环境影响评价审批的前置条件。环评文件分析各项污染物产生的原因、各项能源的使用量、污染物的处理工艺，确定污染物排放的单位标准后，需计算污染物的年度排放总量指标。环评报告批复前需办理"主要污染物排放总量指标批复"，即获得年度污染物排放总量许可。污染物排放总量在多数地区需缴费获得使用年限，一般是5年。

2014年12月印发的《建设项目主要污染物排放总量指标审核及管理暂行办法》指出，主要污染物是指国家实施排放总量控制的污染物（"十二五"期间为化学需氧量、氨氮、二氧化硫、氮氧化物），烟粉尘、挥发性有机物、重点重金属污染物、沿海地级及以上城市总氮和地方实施总量控制的特征污染物参照本办法执行。污染物排放总量指标是投产前办理"排放污染物许可证"的主要依据。

四、规划两证

规划部门报审手续近年大幅简化，一般中小项目可直接办理规划两证。建设用地规划许可证简称"用地规划证"，是政府规划部门根据区域规划条件对具体项目用地的规划批准证件。在办理建设用地规划许可证之前，需要完成立项备案、土地出让手续和由规划部门出具的规划设计条件书、红线图，及其他辅助资料。办理的具体要求各地、各时期并不相同，需要具体咨询。建设用地规划许可证由正本、副本和规划用地附图组成。

建设工程规划许可证申请前需要完成设计方案，包括总平面图、各建筑单体的立面图、平面图和总分面积，以及各系统功能指标的计算和说明、各项设计指标，形成规划方案图册。方案设计需要委托有资质的设计单位来完成。设计方案的各项指标不能超出规划条件和立项备案文件。建设工程规划许可证办理过程中还将取得规划部门盖章备案的总平面图和规划方案图册，简称为"规划大图和规划册"。建设工程规划许可证带有附件，附件列明各单体的地上、地下面积和层数。

建设工程规划许可证是工程前期各项手续中承前启后的重要部分，简称"工程规划证"。工程规划证中的建设规模、项目名称、各项指标与立项备案、各项评估等保持一致，并确定了项目的详细设计指标，对项目有详细具体的控制规定。项目竣工后有对应的规划验收，仍按照批准的总图、立面效果图、单体位置、外形尺寸、单体面积、绿化、道路开口等进行验收。

建设工程规划许可证约束施工许可范围。施工许可证办理范围需要与工程规划证许可的范围一致，即确定项目开工和竣工验收的范围。环评、安评等需要按照"三同时"规定办理；评估、审核、验收等单项报审范围也需要与开工许可范围一致。在特殊情况下，施工许可证范围可以小于建设工程规划许可证，一个建设工程规划许可证可以分成几个施工许可证。这种特殊情况需要与当地建设规划部门详细沟通办理和验收的程序，以确定是否可行和符合投产、使用的需要。

五、设计方案和施工图审查

1. 人防设计审查

《国务院办公厅关于中央国家机关人民防空委员会主要职责和组成人员的通知》（国办发〔1999〕86号）中明确，人民防空委员会的主要职责是组织贯彻落实党中央、国务院、中央军委和国家国防动员委员会关于人民防空工作的方针、政策和指示。

人防防空领域的主要法规有《中华人民共和国人民防空法》《人民防空工程建设管理规定》，以及各省、市制定的实施细则、实施办法等。通过设立人防工程设计资质、人防监理资质、防护设备定点生产企业资格、人防工程防护设备检测机构资质4方面政策，实现人防建设的特定监督和管理。

建厂项目是否需要设计人防地下室应在立项前期咨询建设规划和人防管理部门。各省市对人防地下室的设计范围和最小面积要求略有区别。具体设计须按照专项设计法规《人民防空地下室设计规范》执行。食品工厂规划中的宿舍等按现行法规进行人防设计。无论是否建设人防地下室，工程项目都需经人防部门出具建设或不建设的审批手续。建设人防地下室的项目在规划方案审批前需要咨询人防部门的审核意见，人防部门出具的人防审核意见是取得开工许可前的必要条件。特殊情况下可以申请不建设人防采用缴纳易地建设费方式，因各地具体规定不同，需要在方案规划前咨询确定。

2019年3月，国务院办公厅印发《关于全面开展工程建设项目审批制度改革的实施意见》，对有关工程审批和验收的流程进行了重大精简。《2018年关于进一步规范和调整人民防空工程建设管理有关事项的通知》对人防工程建设的有关事项进行了调整。调整后的人防工程图纸审查合并到施工图审查中，人防工程验收也合并到竣工验收中。

在建设管理历史上，也有由政府部门专项管理设计和备案的项目，如2016年调整的气象部门对防雷设计和施工的专项审核和验收，以及2019年调整的消防部门对消防设计和施工的专项审核和验收。

2. 施工图强审

施工图设计文件的政府监督审查简称"图纸强审"。审查包括结构计算模型、水力计算书、节能计算书和各专业施工图，同时还包括地质勘察文件的审查。2000 年后，国家不断强化建筑业参建各方的主体责任，获得建设主管部门认可资质的施工图审查机构更加重视审查的合法合规性，对强制执行的各规范条款更加严格审查。

《工业建筑节能设计统一标准》（GB 51245—2017）要求厂房、仓库、食堂、宿舍等都需要进行节能设计、计算节能指标。

《房屋建筑和市政基础设施工程施工图设计文件审查管理办法》中的第十一条有如下规定。

审查机构应当对施工图审查下列内容：

① 是否符合工程建设强制性标准；

② 地基基础和主体结构的安全性；

③ 消防安全性；

④ 人防工程（不含人防指挥工程）防护安全性；

⑤ 是否符合民用建筑节能强制性标准，对执行绿色建筑标准的项目，还应当审查是否符合绿色建筑标准；

⑥ 勘察设计企业和注册执业人员以及相关人员是否按规定在施工图上加盖相应的图章和签字；

⑦ 法律、法规、规章规定必须审查的其他内容。

这七个方面在建设过程中发生较大修改的需要重新审查。建设单位因为开工迫切，有时会压缩施工图审查和调整修改的时间。各地建设部门管理审查机构分为两种，一种是审查机构数量较少，建设单位有一定的谈判选择权；另一种是审查机构数量相对较多，申报后由政府系统随机指派审查机构。建设方、设计方甚至不需要与审查机构见面，审查机构的审查意见和时间不受建设单位影响。2019 年后，消防、人防、防雷各专项施工图审查全部简化政府流程，合并到施工图审查中。北京、上海、广州、深圳以及更多省市建设部门加强了审查机构的独立审查性，同时对小规模的设计项目更加简化，可以采取设计单位承诺制。

办理施工图审查的前置条件有勘察合同和勘察单位资质文件、设计合同和设计单位资质文件、规划总图和建设工程规划许可证、建筑节能备案表、纸质版施工图、各专业计算书等。

六、施工许可

施工许可阶段的审批包括设计审核确认（施工图审查和备案）和施工许可证核发。核发审批主要包括合同登记、人防主管部门审查、抗震主管部门审查、社保部门的农民工工资保证金、质量监督备案、安全监督备案、建设消防设计审查等。甲方还需要提交资金证明，总包方缴纳施工保险等。施工总承包单位和监理单位按法规必须持有资格证的人员需要办理岗位资格证备案登记，登记后的人员证书在工程竣工后用于办理解除备案登记手续。开工许可审批前需要完成的前置审批有土地、规划两证、环评等。

1. 合同登记

在施工许可证发放前，建设管理部门监督和审查登记的合同涉及施工总承包合同、监理合同、设计合同、勘察合同、混凝土供应合同、检测合同、分包合同，还可能需要审查造价咨询合同和工程预算。

2. 人防主管部门审查

办理人防主管部门审查的资料包括审核批准的规划总平面图、审核后的施工图纸等。

3. 抗震主管部门审查

需要审查抗震设计说明和总规划图，以及岩土工程勘察报告。为了顺利通过抗震主管部门审查，甲方应在委托地质勘察单位进行岩土勘察和编制岩土工程勘察报告前，提出编制的深度，使数据符合规范标准要求，包括场地类别、抗震设防烈度、地震动参数、地下水检测、土壤检测。勘察的布置图需要与批准的总规划图一致。

4. 农民工工资保证金

《保障农民工工资支付条例》（中华人民共和国国务院令第724号），自2020年5月1日起施行。该条例对工程建设领域农民工工资支付做了特别规定。建设单位在开工前应当有满足施工所需要的资金安排和提供工程款支付担保，在总承包合同中需要明确约定工程款计量周期、工程款进度、结算办法以及人工费用拨付周期，并按照保障农民工工资按时足额支付的要求约定人工费用。人工费用拨付周期不得超过1个月。建设单位应加强对施工总承包单位按时足额支付农民工工资的监督。

各省市根据该条例制定了详细的实施细则。建设单位在办理施工许可证前需详细了解本地有关保证农民工工资的办理制度。大部分省市规定由社保部门审核办理"建设领域农民工工资专用账户、保证金缴存证明",保证金由甲方和乙方分别缴存。建设单位曾经另外缴纳的"农民工工资预储金"在本条例出台后取消。

5. 质量监督备案

归属建设部门的质量监督站具体执行《建设工程质量管理条例》。质量监督站负责开工前的质监备案、施工过程监督和工程竣工质量核查。申报质量监督备案的条件主要有：申报表，见证授权书，地勘报告原件（加盖图纸审查章），八方责任主体签订的合同，各方单位资质证书复印件、工程质量责任人员资格证书复印件，各方单位签署建设工程质量终身责任承诺书、法定代表人授权书、质量终身责任承诺书；施工图纸（加盖建筑章、结构注册师章、设计出图章、审查章）等。

6. 安全监督备案

归属建设部门的安全监督站具体执行《建设工程安全生产管理条例》。安全监督站负责开工前的安监备案和施工过程安全监督。申报安全监督备案的条件主要有：五方主体的项目负责人和主要管理人员资质情况一览表、施工现场周边环境及地下设施情况表、危险性较大的分部分项工程清单、施工安全现场承诺书、现场踏勘、现场平面布置图、安全防护、文明施工措施费用相关资料等。其中重点是现场需要具备开工条件，主要是满足施工的临时道路、临时办公、临时住宿、冲洗环保要求，公示图牌、工人入口管理等。需提供甲方已经支付安全措施费的财务票据。施工现场除具备开工条件外，不得有违法提前施工的情况。

7. 建设消防设计审查

住建部 2020 年发布的《建设工程消防设计审查验收管理暂行规定》要求，特殊建设工程采取消防设计审查制和消防验收制度，其他建设工程的消防设计和竣工验收实行备案抽查制度。有关工厂项目涉及特殊建设工程的规定是：总建筑面积大于 $2500m^2$ 的劳动密集型企业的生产加工车间；总建筑面积大于 $1000m^2$ 的劳动密集型企业的员工集体宿舍。消防设计审查和验收由住建部主管和程序调整后，仍需要严格依规办理消防设计方案、施工图审查和竣工验收等，并严格控制过程设计调整和变更。出现较大设计变更时，建设单位应当依照规定重新申请消防设计审查。

劳动密集型加工企业，主要是指在同一作业场所内，发生爆炸、火灾、有害物质泄漏等事故能量伤害范围超过 10 人以上，容易造成群死群伤的工业企业，如从事食品、机械、家具、木制品、塑料、纺织、服装、服饰、鞋帽、皮革、玩具、手工艺品等加工制造的企业。

办理施工许可前，需咨询建设消防管理部门对消防设计施工图的详细审查要求，提供符合法规要求的消防设计说明和图纸。

第四节　工程验收

一、验收法规

2000 年 4 月建设部令第 78 号发布《房屋建筑工程和市政基础设施工程竣工验收备案管理暂行办法》，2009 年 10 月住建部令第 2 号修改发布《房屋建筑和市政基础设施工程竣工验收备案管理办法》。根据备案管理办法，工程竣工以"工程竣工验收"为界线分为前后两个阶段。工程竣工验收是建设单位组织设计单位、监理单位、施工单位、建设单位共同参加的联合验收，简称"四方验收"，验收时间也是工程竣工时间。竣工验收前需要报告建设质量管理部门，根据质量管理部门的安排同时进行政府监管部门的联合验收。

二、验收阶段

竣工验收前需要进行单项验收和单项检测。

单项检测主要有防雷检测，节能检测，附属建筑室内环境检测，电梯检测和使用登记，锅炉、压力容器等特种设备检测和使用登记等。

单项验收主要有绿化验收、规划竣工验收、节能验收等。

联合验收包括消防竣工验收、质量监督、城建档案验收等。

投产前验收申报包括排污许可、固废消纳、环保验收、生产许可QS等。

三、验收管理

当工程进入收尾阶段时，应尽早开展竣工验收工作，对具备单项检测和单项验收条件的工程项目尽早委托第三方进行并向政府主管部门申报。工程竣工验收前应组织整理核对竣工资料，提前编制各项申报文件，检查各分项、分部的验收单，整理各责任主体的申报资质和需要出具的合格文件等。对政府组织的联合验收也需要提前咨询和准备资料。

工程竣工验收是对前期各项审批文件和施工过程的核查和总结。竣工资料的整理和编制应在开工后就着手组织，各单位都需安排有经验的专人负责，定期检查核对。

四、竣工档案

按照建设部令第9号《城市建设档案管理规定》（2019年修订），建设单位应当在工程竣工验收后三个月内，向城建档案馆报送一套符合规定的建设工程档案。凡建设工程档案不齐全的，应当限期补充。列入城建档案馆档案接收范围的工程，城建档案管理机构按照建设工程竣工联合验收的规定对工程档案进行验收。建设单位在工程开工后，需组织施工、监理单位咨询项目本地工程档案管理规定，在施工过程中做好档案管理工作。

第三章

依规设计

工程建设的基础和依据是设计，项目论证和工程规划过程也离不开设计。设计是贯穿项目全过程的组织管理中心。

第一节　设计的主导地位

建一个工厂需要多长时间？开工手续怎么办？为什么总延期？影响建厂投产时间有普遍原因也有特殊原因。普遍原因是建设方案设计拖延和反复调整，方案设计对项目进展影响是持续的也是隐蔽的。建厂初始问题是生产什么，生产多少？这个问题仍是设计问题。初始问题是产能配置方案的评估决策过程，是基于生产方案、产能方案的建厂决策。特殊原因主要是投资和政府政策变化。

复杂食品工厂前期设计可能会持续一年，也可能更长，甚至设计调整赶不上需求变化。生产需求和产能的多次调整导致生产工艺方案的反复调整。项目还没有开始建设就已经严重超出预估时间。

对设计影响的认识是建设管理发展程度的体现。对设计的管控能力是建设管理的动力来源。前期报建和评估等各项环节都离不开设计依据，设计方案的不断推进是前期手续申报的前提。施工以图纸为依据，设计调整和管理是建设过程的核心工作。

快速发展中的企业迫切需要扩大产能、快速建设投产，而建设成本和质量标准都不是最迫切的要求，也不是最重要的管理目的。围绕快速建设需要的设计方案成为问题中心，还处于建设初级阶段的食品工厂面对的设计管理则更加复杂。

第二节　建厂规划与地块选择

选址和规划方案是互相影响、互动发展的过程。选地条件主要有地价、税收、交通、区域发展、规划条件等。在此过程中，需要充分重视地块的适用性。地块的大小、比例、朝向、道路条件对建厂方案影响很大。准确预测需要用地的大小、比例是重要的决策依据。现阶段法规严格规定了容积率、占地率、绿化率、控制高度、建筑间距等，必然要在详细确定用地规划后再比选地块，同时也要对用地发展有较好的预计，避免出现土地不能满足工厂发展需要的问题，避免重复出现土地可选择不足、仓促选地建厂、仓促购地、仓促建厂的问题。用地预测是选择购地的主要依据。

案例解析 3-1

　　某公司 2014 年在华南地区建设一个大型央厨工厂，计划 5 个分车间及 5 个主产品加工线。选择地块大约用了一年，最终选择了一个条件非常好的地块，临近区域中心和几条高速路出口，又在食品园区内，配套成熟。因地块条件好、地价较高，按原决策方案购买区域内仅有的剩余土地50 亩（1 亩 ≈ 666.7m²）。土地获得后开始规划设计，因一年后市场开拓和经营方向调整，又决策规划 10 个分供车间及 10 个主生产加工线。分车间翻倍给规划设计带来很大的难度，通过反复调整设计方案解决地块容量不足的问题，导致设计完成时间又延后一年，也造成该工厂因设计拥挤导致的较多不利使用条件。

第三节　工艺设计与总体规划

　　食品工厂工艺设计的重要前置条件是产能方案。产能方案是对新工厂产品品相和产量的决策，工艺设计中的生产设备选型和规划排布都依据产能方案数据确定。生产需要的是产能最大化和产品灵活适应性强。产能灵活的核心是生产线方案和仓储、分拣等关键空间的布置。工艺设计的主要内容是设备选型和布置，各生产环节的原料、中间产品的用量和分配计算等。工艺设计还需要重视辅助功能配置。辅助功能包括生产能源组织，生产排污、排水的处理方案，辅助生产的控制间、办公、化验、机修等设计。辅助工艺设计方案也需要空间布置，锅炉房、污水站、燃气站、危险品库房、油罐、废气处理设备等还需要设计独立单体，有危险性的单体还需要考虑安全间距。在工艺设计过程中如果忽视辅助功能设计，就会导致总体规划方案的反复调整，造成总体规划和单体设计的延期。

案例解析 3-2

2012 年，某公司在北京远郊投资建设一个物流加工厂，购买土地比较小，前期规划没有充分考虑锅炉设计，为节省面积把锅炉简单规划在厂房地下空间。在详细规划过程中因高压锅炉按法规要求需要独立设置，并与厂房、宿舍有安全间距。再次调整总规划时无法全部重新设计，采取另建地下锅炉房不调整地上建筑面积的方案，导致建设成本增加和使用管理难度增大。

案例解析 3-3

2016 年，某公司在河北某地的食品产业园规划大型食品加工厂。前期主要研究规划生产厂房和仓库，厂房和仓库规划设计用了 6 个月。在 6 个月时间里主要调整生产车间内的设备布置和仓库设计，全部关注点在产能和产品，需要的锅炉房和污水处理站没有同时规划。在车间和仓库规划好后，因产能较大需要的锅炉房和污水处理站都比较大，详细布置后因场地小又重新调整厂房和仓库的占地面积，以及总体布置和厂房内的车间布置，导致方案设计又延期了几个月。

第四节　工艺设计与施工图设计

生产工艺设计是食品厂设计的核心，对规划设计起到决定作用，是工程施工图设计的脉络和灵魂。因急需开工建设等原因，施工图设计大多存在忽略、简化工艺设计的情况，导致施工图设计不满足生产工艺需要，仅仅满足法律法规和开工的需要，导致施工过程中的大量变更和拆改，造成各方面的管理矛盾。

生产工艺对工程提出的各项条件需要在施工图设计前明确：

① 空间大小要求；

② 配电、供气、燃气、供水、蒸汽等能源布置要求，排水、排

气等污染排放要求;

③ 换风、温度、制冷、照明工作环境要求;

④ 卫生洁净要求。

施工图设计过程中需要按各项功能要求和设计法律法规进行规范设计,需要符合洁净、安全、卫生等行业生产规范设计要求,也必须符合国家建筑法律法规的各项设计规定。

案例解析 3-4

2016年,在河北某食品产业园,有入驻企业规划建设休闲食品分装厂。厂房设计采用单层钢结构。因为是第一次投资建厂,经验不足,又因分装是比较简单的食品加工,开工前的消防报审施工图没有按生产需要进行详细设计,而施工后期按生产流程增加了较多的分隔墙体和吊顶。完工后的竣工验收出现非常大的困难,主要是消防竣工图与开工前的审核备案图有较大差异,又因为在两年的施工过程中消防设计法规有较大的修订,重新补充设计需要按照新的法规调整,导致又增加较多的调整、拆改项目,投产也延期很多。

第五节 工程设计资质

一、工程设计资质分类

工程设计资质按住建部法规分为四类。

(1)工程设计综合资质

工程设计综合资质是指涵盖 21 个行业的设计资质。设计范围是除特殊工程外的全部普通工业、民用工程设计。特殊工程是指影响社会重大安全的特高压电力工程设计和核电工程设计等。全国拥有综合设计资质的企业数量很少。工程设计综合资质只设置甲级一个级别。

(2)工程设计行业资质

工程设计行业资质是指涵盖某个行业资质标准中的全部设计类型的设计资质。共设置 21 个行业设计资质,设置甲、乙两个级别,个别设置甲、乙、丙三个级别。设计范围是行业内的各项工程设计。

（3）工程设计专业资质

工程设计专业资质是指某个行业资质标准中的某一个专业的设计资质。设计范围是一个行业内的某个专业。在21个行业资质下大约有170个设计专业资质。每个专业资质设置甲、乙两个级别，个别设置甲、乙、丙、丁四个级别。

（4）工程设计专项资质

工程设计专项资质是指为适应和满足行业发展的需求，对已形成产业的专项技术独立进行设计以及设计、施工一体化而设立的资质。共设置有8个专项资质。每个专项资质设甲、乙两个级别，其中建筑装饰工程设计专项资质设甲、乙、丙三个级别。

二、食品工厂设计资质

工程设计综合甲级资质：具备任何生产类别和规模的设计资质。涉及的行业资质如下。

① 建筑行业设计资质。设计范围包括工业厂房，建筑行业资质包括建筑和人防两个专业设计资质，拥有建筑行业资质可以设计资质范围内的工业厂房。

② 商物粮行业工程设计资质。具有果蔬加工、肉食品加工、粮食加工、油脂加工等与食品加工有关的设计资质。商物粮行业设计资质下属的冷冻冷藏库专业设计资质、肉食品加工工程专业设计资质、粮食工程专业设计资质、油脂工程专业设计资质分别具有专业范围内的设计资质。

③ 轻纺行业设计资质。具有食品发酵、脱水果蔬、啤酒、饮料、制糖、乳品、各种食品加工等与食品加工有关的设计资质。轻纺行业设计资质下属的食品发酵、烟草工程专业设计资质和制糖工程专业设计资质分别具有专业范围内的设计资质。

三、设计资质其他规定

（1）设计规模

行业设计资质和专业设计资质承接设计任务时，需要对应资质范围内的生产项目分类，还需要符合设计规模的限制要求。行业设计甲级资质承接范围不受规模限制，可以承接大型及以下规模的设计任务，乙级资质承接中型及以下规模的设计任务。专业设计资质在本专业分类内，甲级不受规模限制，乙级承接中型和小型规模的设计任务。

（2）人员配置

设计单位承接设计任务除须符合资质规定外，还应在设计团队中配备必要的专业设计人员。在承接工程项目设计任务时，须满足《工程设计资质标准》中与该工程项目对应的设计类型对人员配置的要求。

（3）特殊设计资质

《特种设备安全监察条例》规定，压力管道和压力容器的设计单位应当经国务院特种设备安全监督管理部门许可，方可从事设计活动。

建设方应在法规规定范围内根据具体的建设范围和需求选择设计资质要求。

第六节 工程设计总承包

一、传统设计模式

传统设计模式是设计细分模式。在这种设计模式下，设计单位一般不能全部自行完成设计内容，原因如下。

① 国内主流设计公司的专业划分比较细，设计流程也比较细化。各专业设计师熟悉自己的设计流程，但不了解项目全流程设计，存在本专业以外设计经验不完善的情况。设计公司因资质和人员配备原因不能全部自行完成设计任务。

② 设计公司都有优势设计方向，在非优势设计方向上的设计资源不完善。设计公司因经营合理性原因在非设计强项方面配备的设计人员不足。

③ 设计公司也不能全部了解建设方的特有需求，或者是掌握建设过程中建设方的需求变化。

在传统设计管理模式下，建设单位将主体设计任务委托给符合资质的设计公司，特殊专项设计另行委托专业厂商或设计单位补充完善设计。一个复杂的建设项目可能会有多个设计单位，由建设单位综合协调纳入主体设计责任内。传统设计模式的优点是建设方控制能力强，能加速项目进程，提高效率；缺点是建设方管理人员多，建设方管控经验多的设计比较好，管控经验少的设计效果差，影响总体设计效果。主体设计单位不管控分项设计公司，不承担设计全部效果。

食品工厂设计发包细分后，除主体设计院负责总规划、单体建筑、结构、工程设备、厂区市政外，还有单项设计发包，比如：生产工艺、仓储系统、冷冻冷藏、污水处理、除尘除味、装饰展示、高压配电、燃气、景观绿化等。

二、设计总承包模式

设计总承包模式是 2010 年后国内发展起来的一种设计模式。设计总包是指一个设计单位总承包全部设计，负责并组织其他分包设计单位配合对建设项目进行设计的设计管理形式。这个总负责设计单位就是该项目的设计总包单位。它与建设单位之间应签订工程设计总包合同，并对建设项目设计的合理性和整体性负责。设计总包单位的主要职责是：

① 负责完成本身承担的设计任务；

② 组织全厂性总体方案的讨论；

③ 组织全厂工艺的衔接和协调，以及公用设施的统一规划和利用；

④ 负责组织各分包设计单位按时提交设计资料；

⑤ 统一设计标准、规范、深度和要求；

⑥ 负责编制总体设计。

建筑设计总包可以直接发包分包设计单位，也可以对建设单位发包的分包设计单位进行管理，收取管理费用。设计总包管理团队类似甲方设计代理，需要从甲方角度和思路自主思考完善设计要求和设计深度，对总体设计需要有较大的主动管理能力。

对于复杂食品工厂的工程设计总包团队，不仅要有整体全方案的设计管理能力，还要熟悉了解建设方的设计需求。长期合作方式更能发挥设计总包的优势。在由施工总承包向工程总承包发展的大趋势下，设计总包也应进一步提供设备工艺设计、施工监理、资金管控服务，向设计施工代建方式发展。

第七节 初级阶段的食品工厂工艺设计

一、工艺设计内容

工艺设计主要包括配方分析、原料计算、产品计算、生产设备选型、生产设备布置、仓储布置、辅助空间和功能设计等。生产设备选型是工艺设计的核心，产品类别和生产工艺需求决定生产设备的选型，生产设备确定后才能确定车间平面布置。生产设备选择存在时间上的缺陷，是由于生产设备参数确定在设计方案阶段，与实际购买阶段的时间间隔较长造成的，间隔的建设时间为一年或者更长。间隔时间越长，调整的可能性越大，可能因市场引起产能和产品变化，从而调整设备种类和数量，也可能是出现效率更高的生产设备引起变化，生产设备调整导致平面布置的较大调整。留有部分余量空间为调整和扩产提供空间条件是食品工厂初级建设阶段较好的选择。

生产设备选型后的仓储布置和辅助功能布置需要满足食品卫生管理法规、生产流线以及消防安全布置的要求。由于需要区分卫生洁净区域，区分人流、物流走向，方便生产，因此车间的布置比较复杂。单一厂房的生产线布置不宜过多，过多的生产线布置会导致厂房内存在较多的分车间和复杂的设计流线。复杂生产厂房的建设成本较大，建设工期变长，随着建设过程延长，生产需求调整变化可能性加大，而复杂厂房在调整过程中又产生更多的成本和工期，从而出现非良性的建厂调整和变化循环。

在工艺规划和建筑平面规划布置完成后，为了更好完成施工图设计，需要合理详细布置仓储空间、辅助空间，并且深入细化生产工艺和管理需要的各项配置要求和参数。施工图设计中有关生产和使用的功能不完善是过程修改调整的主要原因。

二、施工图设计不完善的表现

① 主要生产设备的配属设备设计缺漏，如稳压缓冲设备、中间

暂存设备、冲洗设施等。

② 生产设备的配电、排水、集气排烟等设计缺漏。

③ 工程辅助功能设计缺漏，没有进行空间位置排布，如大型送风、补风管道，以及主要原料和成品管道位置设计等。

④ 生产管理辅助功能设计缺漏，如管理控制、充电、中间化验、备品备件、机修检修、危废危化品，以及周转用具、中间垃圾存放位置等。

设计过程中应采取必要的管理控制方法。全面梳理生产设备和生产工艺的各项参数是工艺设计优化深入的主要方面。各项需求参数的另一个来源是使用操作要求。生产设备定型化、生产工艺标准化、生产操作流程化、工艺设计模块化是工艺设计的发展方向。不断总结固定工艺设计，形成企业的自有标准和规范是不断提高建设水平和生产管理能力的良性循环方式。

案例解析 3-5

2017年，河北某食品产业园一个食品类工厂建设完成。车间面积较大，内部布置较为复杂。厂房内设有设备机房和中间仓库，布置形式是一侧设备用房另一侧仓库，中间是生产区。工厂建设完成后在办理食品生产许可过程中，审查专家提出中间仓库区和设备机房区需要与生产洁净区空间分开，工人不能交叉使用同一空间和穿插进入。调整方案是按要求加装分隔门，位置还需要满足安全消防规定。重新隔离后生产路线复杂，车间内的原有顺畅流线变得曲折且长度增加。

案例解析 3-6

2018年，河北某食品加工企业开工建设。产品种类较多，生产自动化程度高，原料和产品输送等工艺管道较多。前期方案设计过程中没有详细考虑各工艺管道的布置位置。在工程建设基本完成后，再进行生产工艺管道的细化设计。细化设计过程中出现管道位置与风管、物流门、中间暂存物料堆放多处位置矛盾，经过修改调整产生了较多的拆除和改动。

第八节 设计任务书和设计专业分工

一、设计任务书

设计任务书体现建设方的设计要求，原则上应该由建设方编制，但在实际工作中设计任务书也经常由设计单位代为编制。

设计任务书是详细约定设计任务的，是工程建设是否符合建设方设计需要的评价标准。设计任务书应该作为合同附件，先行编制内容清楚的设计任务书，可以比较容易地确定设计合同内容。在食品工厂初级发展阶段，建设方和设计方各自的经验都不成熟，建设方更需要研究设计需求，提高对设计内容和要求的管控能力，同时提高设计任务书的制定能力。

按设计合同约定程度，可以把设计任务书分成两个阶段。第一阶段是建设方编制设计主要需求，作为合同附件。第二阶段是按照设计合同确定详细的设计任务书，包括详细的设计内容和具体方案。第二阶段可以在与建设方充分交流后，由设计方编制详细设计任务书，经建设方认可后作为双方沟通、确认设计的依据文件。

二、设计专业分工

食品工厂设计一般包括食品工艺专业设计、建筑专业设计、结构专业设计、强电专业设计、弱电和自控专业设计、给排水专业设计、通风和空调专业设计、制冷专业设计等。工艺专业设计在设计全过程中起主导作用，在方案设计阶段具有核心功能。在施工图设计阶段，工艺完善深化是设计成果好坏的重要体现，也是难度较大的设计环节。在建设过程中，工艺调整是引起其他各专业设计较大调整的主要原因。建筑专业设计同所有项目一样，仍是协调满足各专业设计条件的主导专业。

第九节 设计程序和管理程序

一、设计程序和阶段

根据《建筑工程设计文件编制深度规定》，建设项目设计程序分为三个阶段：方案设计阶段、初步设计阶段和施工图设计阶段。按现阶段推行的简化设计审批程序，只有特殊行业或特殊项目审批初步设计，其他新建工程只审批方案设计和施工图设计。因初步设计时间长，实际工作中该阶段设计普遍省略，包含在施工图设计内。轻工类的食品工厂普遍分为方案设计和施工图设计两个阶段。方案设计主要是生产工艺方案设计、生产车间平面布置和厂区总平面布置。其中，生产工艺方案设计指标需要与政府发展部门的立项备案类文件数据一致；厂区总平面布置方案的数据需要与规划部门制定的用地规划指标一致，还包括各单体的各层平面、立面设计，确定建筑面积、高度等指标，结构方案和地基基础方案说明，配电、给排水、消防、环保、节能、交通等各系统方案的说明和指标。方案设计阶段的成果是申报建设工程规划许可的条件。施工图设计是在规划方案获得政府审批通过和建设单位审核通过后，达到法规规定的施工图设计深度的过程。施工图设计完成后需要按建设规定进行第三方审查。根据有关简化建设程序的新法规，规模较小的不涉及重大安全的建设项目可以由设计单位自行承诺，可以不办理第三方审查。

二、设计方管理程序

大多数设计院采取分级审核来管理设计质量。级别是：专业设计人、校对人、专业负责人、审核人、项目负责人、审定人。各专业设计师是设计直接完成人，主要负责绘图出图，对施工图设计细节影响较大。校对人也是同专业设计师，可以是设计团队内的，也可以是设计团队外的。校对核查环节主要是对法规符合性和内部设计制度执行方面的检查，需要设计经验更多一些。专业负责人是设计团队中各专业的设计责任人，如果项目较小，专业负责人可兼任设计人；如果项目较大，则要在专业负责人指导下再配备专业设计人制图，专业负责人一般由经验更丰富的设计师或设计主管担任。审核人一般是由设计团队管理部门的专业设计负责人担任，审核把关设计的合法合规情况，设计部门是设计室或者设计所等。审定人一般是设计公司的总设计专业负责人。设计公司对重大或者复杂、危险程度高的设计项目安排公司层级的审定。

三、建设方设计管理程序

建设方或委托代建方在设计的两个主要阶段需要有效沟通和管理设计成果。方案设计阶段主要核对功能布置，包括生产车间的主要平面布置是否满足生产需要，是否满足工厂管理的各部门需要，工厂总平面布置是否满足工厂配属建筑、构筑物的需要。绿化、停车、进出货称重、厂区流线管理、活动、生活场地等，也需要符合用地规划的各项要求。

第二个阶段是施工图审核阶段。对于简化、省略初步设计的情况，可以在施工图设计过程中要求设计院提供中间版本代替初步设计。对施工图中间版本审核确认各功能系统是否齐全，系统功能方案和指标配置是否符合建厂需要，并通过合适的方式与生产使用部门进行确认，避免设计方案漏项、不完善和不满足使用的特有要求。施工图完成后的审核主要是工程方面的专业审核，可以自行审核或引入第三方审核，重点核对设计成果的质量和深度。

第十节　设计方设计变更

一、设计方变更原因

设计调整来自使用功能变化和设计缺陷两个方面。使用功能变化主要来自生产需求，包括使用功能调整和补充完善。设计缺陷是由于设计不足、设计改进、法规及规范变更等原因所引起的相应设计专业修改。在开工前或者施工过程中，由建设方、施工方、监理方或设计方自己提出设计变更要求。图纸更改涉及工作量较少时，可采用"设计变更通知单"，图纸更改涉及工作量较大时，设计方除采用"设计变更通知单"外，还需提供变更图纸。修改涉及三个专业以上、修改工作量超过原设计工作量 30％以上的重大设计更改，由专业负责人或项目负责人按审核程序组织审核并由各专业设计负责人会审。

二、设计方变更缺陷

建设过程中的大部分设计调整是因为甲方赶工期，不希望因为设计调整而增加工期，导致设计调整时间仓促，边施工、边调整，也因为项目设计团队不断开展其他项目设计，设计、校对、审核人完成原设计较长时间后，需要重新熟悉图纸，甚至出现项目原设计团队设计师调整、离岗等情况，导致设计变更质量较大降低，仓促调整设计又会引起新的设计缺陷和不完善。

第十一节　吊顶空间设计

复杂食品工厂的车间吊顶空间设计需要特殊考虑。吊顶空间内可能有尺寸较大的通风管道、排烟管道、空调管道、电缆桥架、排水管道、照明管线、消防水管道，还可能布置生产工艺管道。复杂食品工厂的车间吊顶需要设计为可上人的承重洁净型吊顶。吊顶内的高度需要保证各管道的排布，并留有检修通行空间。由于吊顶内管道复杂，有经常性的检修要求，因此需要提高吊顶内的设计标准来满足安装和检修的需要。需要考虑吊顶内的检修进出路线和照明等设计。建厂地点如果在湿度较大的南方地区，还需要考虑吊顶内的通风除湿设计。按生产洁净要求还需要考虑吊顶内的洁净细节设计。

第十二节　租赁改建设计

租赁改建项目设计首先需要复核原设计条件是否符合新要求。食品工厂的生产设备越来越多，尺寸和重量也越来越大，对厂房的荷载要求也在提高。对原结构进行承重荷载复核计算，检验其是否能达到新的结构设计标准是保证使用安全的需要，也是重要的依法合规要求。食品工厂改建也会较大增加用电、排污、用水等，需要重新核对配电系统、给水系统和排污处理系统等是否满足新的调整需要。

改建项目需要遵守设计法规。按法规规定，改建设计应依据现行法规。原有厂房未改建前仍依据原建设期的法规。发生改建设计时，改建范围内的各项设计须全部按现行法规执行。在结构承载复核、消防系统配置、抗震要求、疏散要求等方面都须按新法规重新复核后设计。

案例解析 3-7

2019年，某企业租赁一个单层钢结构厂房，计划尽早改建投产，生产分装类休闲食品。租赁厂房位于食品产业园，是符合食品加工要求的丙二类厂房。该企业为加快进度另选设计单位进行装修改造设计，改造要求是符合生产工艺需要和满足消防法规要求。设计单位很快提交了改造施工图。该企业根据施工图预算也很快选定了施工单位。施工单位进场施工后问题随之出现。在管道安装时发现单层厂房屋面钢檩条比较稀少，管道吊挂没有合适的位置。向租赁方提出疑问后，租赁方提出找原设计单位复核结构。原设计单位复核后提出需要增加钢檩条和加固全部钢梁，再增加钢支撑柱。原设计单位和新设计单位沟通协调后，提出对结构和配电、消防等各系统再次补充设计。因调整较大，前面的设计时间和施工准备全部浪费，还需停工等待新设计，增加了施工费用，也导致该项目的投产时间大大超出预计。

第十三节　能源设计和环保设计

一、能源和环保设计内容

能源包括市政燃气、蒸汽、锅炉和市政电力。环保包括污水处理、废气处理，以及固体废物、垃圾、危化废品处理等。能源和环保都是保证正常生产能力的前提。相关法规要求在备案申请、规划审批、环保审批中确定能源使用量和污染排放量，建设完成后与申报一致。审批审核后如果更改需办理相应的改扩建手续。在建设后期调整能源方案和污染排放处理方案，会引起较大的工期拖延、拆改和布局调整。

项目投产后产能不断提高，可能需要加大能源供应和排放处理量。如果规划建设的能源供给和处理能力不足，则需从两方面考虑扩建增加的条件：一方面是再次建设需要的规划场地和建筑空间；另一方面是政策法规的许可办理情况。有些经济发达地区因环保管控标准提高不再允许或限制增加能源用量和污染物排放量。

食品工厂在规划设计阶段需要对能源用量和污染物排放处理量进行充分考虑，并留出发展预留量。锅炉系统、污染物处理系统从经济和安全运行上也需要有一定的负载余量。

案例解析 3-8

2013年，某企业在北京附近的某经济开发区内建设大型中央厨房和物流中心。2015年投产后不久，锅炉就已经达到满负荷运行。通过技术改造挖掘设备和系统的最大能力，满足生产需要到2017年。因市场快速发展，为了提高产能大量增加新设备，同时需要的蒸汽能源量也不断提高，锅炉满负荷运行量加大，风险也越来越大。由于规划指标限制不能再扩建，实际的厂区也无利用空间，且环保管控也决定了不能再增加锅炉容量，因此企业再次通过更换先进锅炉设备提高了少部分供蒸汽能力后，达到了完全的满负荷生产限制条件。

二、燃气设计

燃气设计主要是市政燃气设计和安全、附属设施设计。有天然气需要的工厂在项目选址和政府招商中，应对市政燃气的供应和成本情况进行沟通澄清。燃气供应方是垄断性很强的专属公司，大部分地区的管道燃气供应是由独家公司经营。即使是本地政府，对燃气独家经营公司的协调力度也比较有限。市政燃气接入费用包括开口费用和红线外的管道费用、红线内的厂区管道费用。燃气的使用费用由物价部门监管，变化幅度很小，而开口费用和管道安装费用需要与燃气经营公司商议，无指导性标准，差别较大，因此在项目前期与政府沟通约定澄清有利于后期的燃气接入。

燃气设计也由燃气经营公司垄断性负责。而建设单位委托的设计公司有些在总图上规划燃气调压站位置，有些说明全部由甲方负责协调燃气公司进行二次设计。燃气的二次设计存在调压站位置不合理和燃气管线没有合适位置的情况。

建设方在前期方案阶段可以咨询或委托燃气公司的独家设计单位进行方案设计。如果前期不能与燃气公司沟通燃气设计方案，也应要求第三方设计院进行燃气调压站位置和燃气管线的设计。保证调压站和燃气管线的位置符合安全规定且布置合理。

燃气的安全和附属设施设计由项目设计方负责。建筑设计要求有燃气的分间隔墙和防火门，顶棚的耐火等级须符合要求。通风设计包括防爆风机、排烟等要求。在消防灭火方面设置二次灭火系统。在安全监控方面除感温、感烟外，还应包括燃气泄漏监控和报警联动、报警传送中控机房等。在使用安全上还包括调压站的封闭管理、室外阀门防护等细节设计。

三、锅炉房设计

根据安全法规，蒸汽压力锅炉需要单独设计锅炉房。锅炉属于安全风险高的特种设备，既有特种设备管理部门的监管，也有环保部门的监管。锅炉设备有不同的形式，工厂使用的主要是模块式组合锅炉和普通锅炉。

模块式组合锅炉采用独立模块技术，优点是按需供能，节能效果好，设备体积小，锅炉房内布置灵活；缺点是供汽量比普通锅炉小，供汽强度低。在生产过程中，辅助使用常压蒸汽的用汽量少的可以选择模块式组合锅炉，对于用汽量大的仍适宜使用普通锅炉。

对普通锅炉的环保要求也越来越高。2020 年以后，燃气锅炉必须是低氮燃烧装置。高效锅炉应配备节能器、热回收装置。环保排放要求是：烟尘小于 $5mg/m^3$；二氧化硫小于 $10mg/m^3$；氮氧化物小于 $30mg/m^3$。20 蒸吨及以上的锅炉要安装大气污染源自动监控设施，并与环保部门联网，同时安装分布式控制系统（DCS系统）。20 蒸吨以下的锅炉要安装氮氧化物尾气分析仪，现场检查应能提供一年以上的排放检测数据。

工厂的锅炉管理对保障生产、节约能源具有重要作用，由于具有重大危险性，因此也是安全管理的重要部位。应按安全管理法规配备足够的有操作合格证的管理人员值班监控。锅炉房应设计管理监控室和卫生间。锅炉布置须有严格的安全距离要求，锅炉间和锅炉临边设计的安全距离应有余量。锅炉地面应设计足够的排水沟，应是容易清洗且耐磨的地面。

锅炉设备的主体是锅炉本体和燃烧器，辅助设备有除氧器、过滤器、泵组、分汽缸、控制柜、节能器、软水箱、膨胀器、烟囱等。锅炉的主要设备体积和重量都较大，全部设计在一层比较适合；有些辅助设备设计在二层的，虽然节省了占地，但是单建设成本加大，管理难度加大。除氧器、泵组等应单独设计分间，也应单独设计燃气计量间。锅炉房在安全方面的设计也涉及防爆、监控、报警、联动、排烟、通风等。

锅炉的补水管道和水泵需要确保不发生炉体缺水的安全风险，应采用较为保守的一个锅炉配备两个水泵、一备一用的方式；补水管道分开设置，不采取由电磁阀门控制的共用补水管道方式。锅炉房的设计比较复杂，过程中出现调整会增加较多成本、延长工期，因此在前期方案设计中应有足够的功能考虑和容量备用（图3-1）。

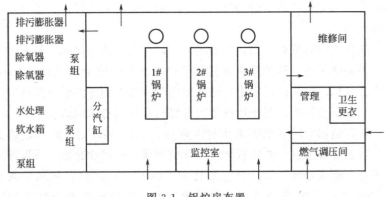

图 3-1 锅炉房布置

锅炉设备系统的组成包括锅炉本体、燃烧器、鼓风机、节能器、烟囱、仪表等。锅炉系统内循环使用软水，包括软水箱、钠离子树脂交换罐一用一备、循环水泵等。水除氧系统包括除氧器和循环水泵等。锅炉内的高温高压污水安全排出需要定期排污膨胀器和连续排污膨胀器、水泵等。锅炉房室外还需要设置排污降温池，锅炉污水通过降温池后排入污水管道，进入污水处理站。锅炉运行中会出现集中排放高温污水的情况，室外降温池需要满足经常使用的足够容量。分汽缸除设置安全阀门外，还需要预留增加管道接口。锅炉的烟囱高度和设置数量也需要符合环保规定。

四、市政供电设计和组织

建设单位向本地国电公司提出用电申请表后，国电公司经内部规划、审批后确定供电方案。供电方案主要确定从市政变电站到建设项目的高压接入路由和产权、运行方式、功率因数等。一般民用供电的电压为10kV，分为单路供电和双路供电（图3-2）。有双路供电条件的可以保障不会因为检修、单条线路故障而停电，且不需要消防应急发电设备。

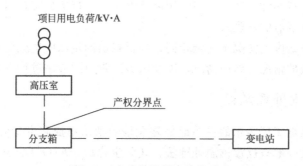

图 3-2　市政单路供电接线示意

高压配电一般需要二次设计。第一次是项目总设计单位的设计。由于总设计单位可能不具有高压供电设计资质或不熟悉本地供电要求，因此国电公司的审图部门要求由认可资质的第三方高压供电设计公司进行二次深化设计。项目总设计方确定高压配电的规划方案和建筑、结构、照明、通风、消防、监控、电缆层等设计，确定变压器间、高压配电间、低压配电间、管理间等的位置和大小，对高压配电的变压器、高压配电柜、计量柜、分配柜、低压配电柜等也需进行规划设计。二次深化设计的范围是从市政变电站进入项目的高压电缆、变压器、高压配电柜到低压配电柜接入以上部分。在二次深化设计前，建设单位需要将总设计单位有关高压的设计图纸提供给第三方电力设计公司，二次设计完成的施工图纸还需要经国电公司的审核部门审批通过。高压、低压配电间应设计在项目的合适位置，避免上部有水管、排水沟通过，也要避免设置在地下，接近用电设备负荷集中的区域。用电负荷大的工厂适宜建设独立配电房。

市政和高压供电的施工方一般可以在当地国电公司的合格施工方名录中选取，建设单位可以在该范围内进行比选或招标。市政和高压供电施工完成后，建设单位可以委托施工方进行供电申请验收，经国电公司验收部门对资料和现场审核通过，并在签订高压供用电合同后开始送电。市政送电时间需要在项目竣工前 2~3 个月，以满足各用电系统的调试、验收和试车生产。如果变压器较多，项目投产前期用电负荷较小，就可以申请分开送电。如果全部送电后再报停变压器，则一般有使用时间间隔要求。用电费用的收取方式有包含容量费和不包含容量费两种，适合不同的用电特性工厂。售电公司是国家推行电力体制改革后的新模式。

因各地供电情况不完全相同，项目在前期招商中也应对本地供电是否紧张的情况、路由情况，以及电力工程组织程序进行咨询。

五、污水处理站设计

食品加工厂污水的主要成分是大量的动植物油和少量的清洗剂。处理方式一般有反渗透膜处理法、速分生化法、A/O 工艺法等。

1. 反渗透膜处理法

该方法不适合处理大量的动植物油废水，主要原因是渗透膜容易被油污堵塞，油污处理过程不达标，很容易破坏膜处理段。如果要保持膜的使用时间和效果，就需要有膜清洗系统，运行费用较高。

2. 速分生化法

速分生化法的核心处理段是速分生化池。速分生化池的前后仍有格栅池、污泥池、调节池、气浮池、二沉池、消毒排放池等。

速分生化池通过曝气及速分生化球这一特殊结构填料的相互作用,使水流场反复产生流速差,使污水中所携带的悬浮颗粒由流速快的液体水流向流速慢的固液界面富集,达到固液分离的目的。同时,速分池内填充的速分生化球在运行过程中是以好氧、厌氧的多变环境发生,进入速分池的污染物集中在生化球的集合体内,经过厌氧状态使其水解酸化、流出、再被好氧菌分解,具有良好的脱氮除磷效果。池内的污泥通过连续不断的速分,被分解和消化。因此该法处理出水悬浮物浓度低,无须沉淀池,无须处理污泥,流程简单,投资及运行费用低。

速分生化处理技术的核心是速分生化球。速分生化球作为生物载体,填充在专门设计的速分生化池内,附着在其上的生物膜是生化处理系统的主体作用物质。当进水油污、有毒有害物质超过处理能力或者前段油污处理不达标时,进入速分池较多的油污堵塞速分球,造成分解细菌死亡。若细菌死亡则需要更换速分球(图 3-3)。

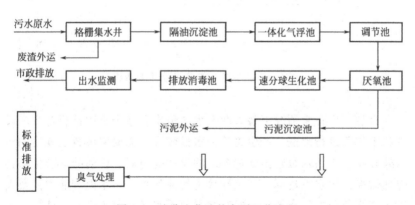

图 3-3 速分生化法的主要工艺流程

3. A/O 工艺法

A/O 工艺法也叫厌氧好氧工艺法。A 是厌氧段,用于脱氮除磷;O 是好氧段,用于去除污水中的有机物。A/O 工艺法是处理以动植物油为主的食品加工污水的较好方式。各种污水处理法均包含综合的处理流程,对于处理废油脂必不可少的是气浮处理过程。

气浮池是大量分离污水中油脂的高效方法,采用曝气和加入混凝剂、絮凝剂、沉淀剂等方法，产生快速的油脂凝聚和分离。该方法一般用于生化处理之前，去除污水中的悬浮物：利用大量微小气泡与悬浮物结合，使悬浮物上浮到污水表面，然后收集处理这些油脂悬浮物。该方法比沉淀快，去除率高，能一定程度上减少后面的生化污泥（图 3-4）。

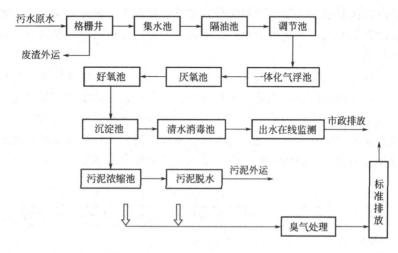

图 3-4　综合的 A/O 工艺法主要流程

　　食品工厂正常情况下每天两个生产班次，每个班次都要对生产设备和工作面进行清洗，产生含油污水量较大，需要建设较大规模的污水处理站。当污水量超出处理系统的设计能力后，任何处理设备都会降低效果，出水不达标，甚至导致生物菌死亡。污水处理能力需要大于生产满负荷的污水量，并留有余量。污水量不仅依据设计计算，还应参考行业的普遍污水产生量状况。

　　环境保护法规要求污水处理必须达到要求后排放，每天值班、检测监控并与环保部门联网。污水处理系统的方案选择需要评估使用稳定性和维护运行费用。污水处理站的建设标准需要提高，避免油污脏乱和气味扩散。

　　污水处理站辅助用房包括气浮池设备间、鼓风机房、提升泵房、药剂间、检测值班室、配电间、污泥压缩间等。由于各设备间在运行过程中产生大量污水和臭味，因此在地上设置较好，设置在地下则不利于使用和管理，出现漏水、锈蚀、臭气排风等情况较多。污水处理站还需要设置臭味处理系统，尽可能地收集产生的臭味，经处理塔处理后排放。格栅池产生的半固体垃圾是污水处理站脏乱和气味扩散的主要原因，比较好的处理方式是采用封闭房与开放环境隔离。

污水处理后的控制指标有：COD、BOD_5、$NH_3\text{-}N$、pH、SS、氯离子、动植物油。需要在线监测的有：COD、$NH_3\text{-}N$、pH、SS、等。

六、车间废气处理系统设计

复杂食品加工使用动植物油和辛辣气味的原料粉碎、炒制、蒸煮、压榨、清洗的过程都可能产生大量的刺激性气味。复杂除味系统需具备单独的抽排风系统和相应的送补风系统。设计补风量需略小于抽排风量，使除味车间内形成约5Pa的微负压，以实现较好的除味效果和符合环保要求的高空排放。

以食用油烟和辛辣调味料为主的除味采用复合处理系统可以取得较好的效果。预处理段包括：喷淋处理塔、高效干燥除雾装置、高效静电油烟净化装置等。末端处理段包括：高效吸附碳箱、催化燃烧装置、燃烧炉等。燃烧后的气体净化后通过排放系统排放至屋顶15m以上高处。除味系统的车间内末端是抽排支管和集气罩，集气罩中间是对应生产设备的抽排风口，侧边设置送风风幕能更好地控制气味扩散和节约能耗。

补风风机安装在风机房内，也可以采用防雨室外风机机组。风机机组进风口需要配置5目防锈材料的防虫网、防雨弯头或可调百叶，以及风量调节阀，机箱底部配置减震器，内部配置G4等级的板式初效过滤器、F8等级的袋式中效过滤器和变频风机。机组送风的洁净度达到30万级。一线品牌厂家可以提供风机机组的各项参数、材质、功能配置，以及各功能段的详细说明书。

除味系统的抽排风量很大，对应的送补风量也很大。车间内的补风末端可通过集气罩风幕、岗位送风、顶面送风口和落地送风柱等实现。补风的各支管设置调节风阀。落地送风柱风量较大，不适合直接吹向工作岗位和生产设备，可以采取侧面多个小风口的方案。

除味系统的抽排风机和送补风机功率很大，配电启动柜需设置软启动功能。为了实现车间内除味排风，可以分区就近控制，抽排风机和补风机都需要采用变频风机并能联动分区控制。

除味系统如果设置在屋面，在结构施工图设计中则需充分计算系统荷载，包括钢平台、各主要设备和设备基础等。钢平台和各主要设备尺寸较大也比较重，摆放位置应尽量靠近方便吊运的侧边，以有利于施工安装。

七、危废库设计

危废库包括危险化学品存储库和危险废品库。工业生产和清洗都会使用化学品。根据《建筑设计防火规范（2018 年版）》（GB 50016—2014），存储物品的火灾危险性可分为甲、乙、丙、丁、戊五类。法规对各类危险化学品有明确的生产、运输、存储、使用规定。其中对甲类危险化学品在存储设计、使用管理和废物垃圾处理等方面都有严格规定。

食品工厂包装过程中使用的油墨、自喷漆，检验化验使用的碱液、酸液、酒精、溶剂，清洗使用的消毒液、清洗剂等都属于甲类危险化学品。食品工厂建设规划中应重视对危险化学品的界定和存储库房的设计。

甲类危险化学品存储库不应设置在厂房等其他建筑内，且应与厂房、宿舍、食堂、管理用房、油罐、天然气调压站等各种建筑物、构筑物、道路边缘保持最小间隔距离，距离其他建筑物大于 15m 以上。甲类仓库层数限制为一层。

有危险化学品使用的工厂，应在总规划中设计危险化学品库，规范化工厂建设不可遗漏该设计。危险库房可分为存储库和废品垃圾库两部分，废品垃圾库的保存容量根据使用量和特殊运输处理周期确定。

食品工厂的危险库房主要是危险化学品存储库和相应的危险废品库。甲类危险库房设计须有防爆灯、防爆风机等防爆设计；消防灭火和报警、监控设计；库房地面采用防渗漏材料，墙体下部 1m 也需要采用防渗漏的 A 级耐火墙面涂料。在危险库房外门就近设置应急洗眼器。危险库外侧还需要设置事故应急池。当库内发生危险化学品泄漏时，应通过地漏汇集排至库外应急池。危险库内部需按存储的危险化学品种类、数量确定分隔间。分隔采用不低于 200mm 高的围堰，围堰内地面应做防渗漏和泄漏应急排污。甲级危险库房需采用甲级钢制防火门。如果库房较大，也可以采用甲级防火卷帘门，双锁管理。

八、垃圾站设计

规范化工厂也需要在规划方案中设计方便使用的合规垃圾站。垃圾站至少包括生活垃圾房和可回收垃圾房等，也可以和备品、备件库、维修间等结合设计。垃圾房内应设有灭蝇灯，适宜高度为1.8m。考虑到卫生清洗管理，垃圾房内需设置冲洗水管和排水沟或地漏。北方地区可以对露明水管采取保温和电伴热等冬季防冻措施。垃圾房的库门应采用电动卷帘门和无门槛的坡道，方便叉车、货车进出。垃圾房的地面应采用容易清洁的耐磨防渗地面。垃圾房应预留足够的配电插座，为夏季降低腐败气味可以采用制冷空调，也可以在使用中增加制冷功能。垃圾房的墙体应牢固防撞，或有叉车防撞柱等设施。设施完善、使用便利、高标准的垃圾站在照明、通风、顶棚、墙壁等方面都需要详细设计。垃圾房在厂区的位置应从风向、降低厂区污染影响、方便内部运输和外运、不影响美观等方面规划。

第十四节 其他单项设计

一、油罐区设计

食品工厂的生产用油存储一般有厂区油罐和车间内中间储罐。油罐设计必须符合《建筑设计防火规范（2018 年版）》（GB 50016—2014）的要求。动植物食用油储罐一般是丙类防火等级，如果是酒精度为 38 度及以上的白酒储罐，则应按甲类火灾危险性类别设计。工厂储罐一般采用地上储罐。厂区内的储罐区位置需严格控制与相邻建筑、道路、燃气调压站的防火间距。多个储罐排成一列或两列，设置在防火堤内。防火分堤能提高防火安全性，减小泄漏的影响范围。储罐区包括防火堤围合范围和堤外与道路、货运广场的间距控制范围。

油罐外壁与防火堤的净距有严格规定，所以防火堤范围大小需根据油罐尺寸确定。油罐抽排泵组的设计位置没有规范规定，如果厂区较大，储罐较多，则适合单独设置泵组区。如果考虑节省场地，泵组也可以设置在防火堤内。防火堤高度除高于最小规定外，还需要计算扣除罐体基础和堤内罐体、泵组占用的体积等。

由于罐间距离、罐与防火堤的距离及防火堤与周围建筑物、构筑物的间距都有严格规定，因此设计尺寸应留有一定的间距余量，确保符合法规规定。

油罐区的设计除了符合《建筑设计防火规范（2018年版）》（GB 50016—2014）外，还需要符合《石油库设计规范》（GB 50074—2014）、《植物油库设计规范》（LS 8010—2014）、《建筑灭火器配置设计规范》（GB 50140—2005）中的有关规定。其中对油罐区的排油污、排雨水、卸油、配电、防雷漏电接地、消防灭火设施等均有详细严格的设计规定。排油污和含油雨水需要经过控制阀门和隔油池后排入污水管网，而雨水则通过控制阀门排入室外雨水管网。防雷和漏电接地系统包括罐体接地、罐区接地网、厂区接地网、油管接地、配电箱、开关箱、泵组接地等。消防灭火设置主要有移动式泡沫灭火装置、干粉灭火器、消火栓、灭火沙箱等。

油罐及使用系统主要包含罐体、泵组、输送管道、蒸汽伴热、附属设施、配电系统、自控系统等。罐体包括筒体、罐内加热盘管、罐内清洗、顶部排气、罐外保温、保护壳等。泵组包括进油泵组、输送泵组等；输送管道包括进油管、输送油管、卸油管；蒸汽伴热包括蒸汽管、热水罐、热水循环泵、伴热管等。附属设施包括爬梯、防护笼和顶部围栏、平台等；配电系统包括主配电柜、泵组配电等；自控系统包括温度控制、液位控制、车间内控制，进油控制和远传等。

油罐容量选择要从日生产需要量、存储周期、进油车最低量和油罐的自身安全余量等方面考虑。

设置在车间内的中间储罐也要重视执行有关防火规定，考虑防火隔墙等要求，适宜在车间内集中设置；为简化罐区管道进入车间路由和散热通风需要，储罐适宜靠近外墙设置。《建筑设计防火规范（2018年版）》GB 50016—2014中有如下重要规定。

厂房内的丙类液体中间储罐应设置在单独房间内，其容量不应大于5m³。设置中间储罐的房间，应采用耐火极限不低于3.00h的防火隔墙和1.50h的楼板与其他部位分隔，房间门应采用甲级防火门。

二、品控化验室设计

食品工厂的品控化验室包括：洁净度1万级别的微生物操作间、恒温培养间、称量间、通风柜间、综合理化实验室、试剂间、品评间、培训间、办公室等。中等规模食品加工厂的化验室面积约为300m²（图3-5）。

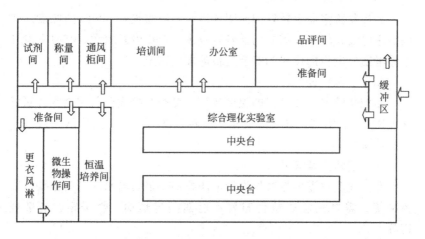

图3-5 品控化验室布置平面示意

1. 品控化验室的规划位置

生产区的样品每天都要进行分析化验，因此品控化验室与生产区需要有方便的就近取样通道。因通风柜的排放存在有毒有害物质，排风管道需要高出屋面3m以上。综合以上主要因素，品控化验室的规划位置需考虑在生产区附近，排风管道应方便通向屋面。

2. 品控化验室的设计细节

（1）洁净设计

品控化验室的地面、墙面、吊顶、门窗均需要采用洁净设计。顶棚采用金属洁净吊顶板、铝塑板、铝合金吊顶板等；墙面采用金属洁净板、防霉可擦洗涂料等；地面宜采用洁净类整体地面，采用钢制净化门等。

（2）通风系统

品控化验室一般设有1万级别的净化机组和高效空气过滤器，以及较大风量的排风、补风机。工作期间风机长时间运行，噪声较大，需要考虑把风机设置在远离办公区域和化验区域的屋面或室外。

（3）给水和排水系统

品控化验室的用水试验台和排水点较多，在规划设计中需合理布置排水管道，方便排水和防止渗漏。

（4）照明和配电系统

品控化验室需要较好的照明环境，一般需设计500lx的照度。化验室用电设备较多，需要的插座也较多，总用电量较大，在方案设计中需考虑配电柜的位置和符合规范的配电系统。

（5）空调设计

品控化验室需要良好的温度环境。夏季制冷适合采用制冷效果好的VRV冷暖空调；在北方有集中供暖条件的地区，仍采取常规暖气系统效果好。

（6）消防报警设计

品控化验室需要按法规设计消防排烟、消防给水、消防报警、监控系统。需要注意试验台布置不能遮挡排烟窗、救援窗、疏散通道等。

（7）化验台仪器和设备

化验操作台一般采用全钢结构，除特殊防震台面外，都需要采用实验室专用理化板。柜体、把手、滑轨、铰链合页等都需要满足耐酸碱、耐腐蚀、耐高温、耐污染、不易滋生细菌、易清洁、耐磨、耐冲击、抗弯曲、防潮、抗紫外线等要求。特殊仪器设备应配设有毒有害试剂柜（双锁管理）、洗眼器、通风柜等。

（8）设计总要求

品控化验室在较小面积内涉及多项系统设计，分隔墙体、配电、给排水、风机、管道、各种灯具等都很集中，各项设计既要满足使用需要，也要符合防火安全规定，比如隔墙的耐火性、疏散通道等。应在前期规划方案和施工图中进行详细的品控化验室设计，避免施工后期二次设计。调整和补充设计有可能导致不符合建设验收程序的问题，也可能导致后期的补充设计无法调整完善，留有缺陷的问题。

三、冷库设计

1. 冷库分类

冷库按库容可划分为大型冷库、中型冷库、小型冷库。库容超过 $20000m^3$ 以上的为大型冷库，库容小于 $5000m^3$ 的为小型冷库。根据使用功能，食品工厂冷库主要分为保鲜库和冷冻库。其中保鲜库的温度范围为 0~12℃。一般有 0℃库、2℃库、4℃库、7℃库、10℃库。冷冻库的冷冻温度为 -2~-18℃，一般有 -18℃库、-12℃库等。厂区内的生产附属冷库有独栋建设的原料冷库和成品冷库。在车间内设置的冷库属于中间生产冷库。车间内的冷库普遍采用成品库板组装的装配式冷库。

2. 冷库系统

冷库系统包括设备系统和保温系统。设备系统主要有制冷机房内的制冷机组、库内风机和室外散热的冷却水塔或风冷冷凝器、配电系统、自控系统等。保温系统主要有地面保温板、库墙板、库顶板、保温库门、管道保温，以及其他密封、安装连接等辅助材料。配属功能还需要有平衡窗、安全脱锁装置、冷冻库门框和地面加热、库门处地面伸缩缝等。冷风机有自动融霜功能。

完整的压缩式制冷系统包括制冷剂循环系统、融霜系统、冷却水循环系统以及载冷剂循环系统等（图 3-6）。

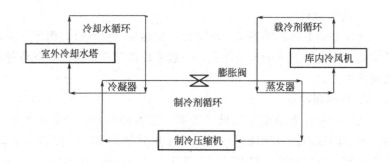

图 3-6 三个重要循环关系简化图

3. 制冷剂和载冷剂

制冷剂主要有氨、二氧化碳、氟利昂制品。中小型冷库常用氟利昂制冷剂。小型冷库常用丙二醇水溶液作为载冷剂。

4. 车间内的中间冷库建筑规划

设置在车间内的冷库需符合中间仓库的设计规定，用来存储周转不超过 24h 的原料和中间产品。中间仓库需用耐火极限不低于 4h 的不燃墙体与车间生产区域分隔，墙体上开门需采用防火门或防火卷帘。因常用的冷库板是难燃烧的 B1 级材料，在车间内的冷库可采用双层墙体来满足规范要求。外层是砌筑墙体或 A 级防火隔墙板，内层是 B1 级的冷库保温板。冷库的大小需按容量设计。容量根据存货周转量和货架数量计算，库内还需留有库内运输和库门、逃生门的位置。冷库的货架一般为 3 层以上，重量较大，在结构设计中需要按货架布置和存货量计算使用荷载承重。

5. 冷库保温板

常用冷库保温板采用 B1 级别的 PIR 聚氨酯冷库板，而不采用 B2 级别的 PUR 聚氨酯冷库板。两种聚氨酯板的化学组分不一样，PIR 板可以在 150℃ 以内使用，PUR 板的使用温度在 100℃ 以内。从生产方式来看，冷库板属于机制板，面层采用 0.5mm 厚的滚涂钢板或不锈钢板。板面一般有增强压筋处理，有防止破坏磨损的 PVC 薄膜。为了达到卫生洁净要求，墙板与墙板、墙板与顶板的阴角应安装烤漆圆角铝型材，库板阳角安装烤漆直角铝型材。库板有导热系数、密度、抗压强度、抗弯强度、吸水率、尺寸稳定性、燃烧性能等参数指标。

6. 冷库地面

冷库地面有基础结构层、防水层、保温层、隔气层、面层等。为了防止冷冻库地面下的土层冻胀，一般采用高架空地面或架空地垄加通风管的方式。

7. 冷库制冷量

制冷量是冷库最重要的设计参数，过大的制冷量会导致成本较高，偏小的制冷量会降低制冷效率和使用效果。制冷量根据存货量、入库温度、周转次数、降温时间等确定。降温时间一般情况下是 22～24h，过快的降温时间需按速冷库设计。制冷量较大、冷冻温度低的适合选择螺杆机，其他适合选择多机头活塞机。

8. 冷库设计参数

冷库设计参数表如表 3-1 所示。

表 3-1　冷库设计参数表

序号	编号	名称	面积/m²	温度/℃	标高/m	建筑层高/m	吊顶净高/m	存货类型	存货量/t	降温时间/h	进货温度/℃	每次入库量/t	开门次数/次	包装材料	地面保温	壁板	顶板	保温门		
																		型号	功能描述	数量	风幕

9. 冷库配电系统

机房内的制冷机组、库内的冷风机、电动门、照明灯具都需要配电设计。冷库照度根据需要设定，常用库内照度为 200lx。照明采用专用冷库灯，防水要求为 IP65。冷冻库采用防潮、防爆、防水灯。从方便管理上适合在机房设置总配电柜，再通过分配电柜集中给冷库系统的各用电点配电。

10. 冷库控制系统

除了包括制冷机组具备完备的保护功能、制冷系统运行的 PLC＋触摸屏控制、机组对各库房的控制外，还需要提供集中智能监控，实现远程监控功能。能全程跟踪和检测各设备的运行状态，记录、储存、分析、管理数据，对异常情况发出声光报警。为避免人为误操作，各冷库门口可只设置温度显示。

11. 冷库防火

冷库需按规范设计疏散门、感烟、感温等。保鲜库根据规范确定是否设计喷淋，低温库喷淋采用预作用方式。冷库板和管道保温材料按现行法规需要取样送检，由法定消防检测单位提供防火性能检验报告。所有主要材料和辅助材料均需要使用环保型的 B1 级以上材料，比如发泡剂、配电管等。

四、食堂设计

1. 食堂设计规范要求

食堂专项设计规范的现行版本是《餐饮建筑设计标准》(JGJ

64—2017)，此外还涉及《无障碍设计规范》（GB 50763—2012）、《城镇燃气设计规范》（GB 50028—2006）、《建筑地面工程防滑技术规程》（JGJ/T 331—2014）、《建筑给水排水设计规范》（GB 50015—2019）、《生活饮用水卫生标准》（GB 5749—2006）、《饮食业环境保护技术规范》（HJ 554—2010）等。

食堂设计需从符合设计规范、符合当地办理"餐饮经营许可"的核查要求和满足自有使用需求三个方面出发。较大规模的工厂食堂需要处理好这三个方面的设计关系。中型食堂的服务人数是 100 ~ 1000 人。

《饮食建筑设计标准》（JGJ 64—2017）中涉及工厂食堂的强制条文和主要要求。

① 饮食建筑的选址应严格执行当地环境保护和食品药品安全管理部门对粉尘、有害气体、有害液体、放射性物质和其他扩散性污染源距离要求的相关规定。与其他有碍公共卫生的开敞式污染源的距离不应小于 25m。

② 饮食建筑的功能空间可划分为用餐区域、厨房区域、公共区域和辅助区域。区域的划分及各类用房的组成宜符合表 3-2 的规定。

表 3-2　饮食建筑的功能空间划分（食堂节选）

区域分类		各类用房举例
用餐区域		宴会厅、各类餐厅、包间等
厨房区域	餐馆、食堂、快餐店	主食加工区（间）[包括主食制作、主食热加工区（间）等]，副食加工区（间）[包括副食粗加工、副食细加工、副食热加工区（间）等]，厨房专间（包括冷荤间、生食海鲜间、裱花间等），备餐区（间），餐用具洗消间，餐用具存放区（间），清扫工具存放区（间）等
	饮品店	加工区（间）[包括原料调配、热加工、冷食制作、其他制作及冷藏区（间）等]，冷（热）饮料加工区（间）[包括原料研磨配制、饮料煮制、冷却和存放区（间）等]，点心和简餐制作区（间），食品存放区（间），裱花间，餐用具洗消间，餐用具存放区（间），清扫工具存放区（间）等
公共区域		门厅、过厅、等候区、大堂、休息厅（室）、公共卫生间、点菜区、歌舞台、收款处（前台）、饭票（卡）出售（充值）处及外卖窗口等
辅助区域		食堂库房（包括主食库、蔬菜库、干货库、冷藏库、调料库、饮料库），非食品库房，办公用房及工作人员更衣间，淋浴间，卫生间，清洁间，垃圾间等

注：1. 厨房专间、冷食制作间、餐用具洗消间应单独设置。

　　2. 各类用房可根据需要增添、删减或合并在同一空间。

③ 厨房区域应按原料进入、原料处理、主食加工、副食加工、备餐、成品供应、餐用具洗涤消毒及存放的工艺流程合理布局。食品加工处理流程应为生进熟出单一流向，并应符合下列规定：

a. 副食粗加工应分设蔬菜、肉禽、水产工作台和清洗池，粗加工后的原料送入细加工区不应反流；

b. 冷荤成品、生食海鲜、裱花蛋糕等应在厨房专间内拼配，在厨房专间入口处应设置有洗手、消毒、更衣设施的通过式预进间；

c. 垂直运输的食梯应原料、成品分设。

规范要求还包括以下方面内容：规划、食品安全、环境保护、消防，出入口设置，防止油烟、气味、噪声及废弃物，用餐区域每座最小使用面积，餐桌摆放间距，售饭口数量、餐厨比，上层不能布置卫生间等有水房间，防鼠、防蝇，无障碍设计、地面防滑、燃气使用，净高、采光、通风，墙面、地面、顶棚材料，公共卫生间、排水明沟、地漏，洗手设施、清洁间，明火加工区防火要求，工作人员更衣间、卫生间、洗手间、消毒间，给排水，供暖、温度，配电、照度显色、消毒灯、电气设备防护等级。

为了在投产前顺利取得食堂的餐饮经营许可，在施工图设计后可向本地餐饮管理监督部门咨询有关地方要求，避免施工完成后有较大的冲突。

对于中型规模的食堂，厨房区域和辅助区域必须要有的分隔间包括厨房更衣间、洗手消毒间、副食库、主食库、粗加工间、冷食制作间、热加工间、备餐间、餐具收集洗涤间、餐具消毒间等，并形成从生到熟的单一流线。用餐区域和公共区域包括餐桌区、打饭区、餐具回收区、饮水区、餐具消毒区、洗手消毒区、包间、公共卫生间等。

2. 食堂的使用需求

管理人员对使用需求和设备摆放有不同的偏好，因此设计前需要充分地沟通确认。在施工图设计前需要对配电、给水、排水、燃气、插座预留、监控等与设计单位确认清楚。如各种燃气大锅、单头锅、蒸箱、豆浆机、冰柜、冰箱、消毒柜、洗碗机、保温柜、保温售饭台，以及各间需要的水池、饮水机、电视、监控等。

3. 食堂的燃气和消防要求

燃气管道有明装要求，因此在排列炒锅位置时，需要同时考虑上面的排烟罩、地面的排水沟、厨师操作范围，也需要设定燃气管道的合理路由。厨房有燃气明火，需要设计燃气报警和联动、监控系统，消防排烟、喷淋等也需要符合设计规定。排烟罩上部的排烟管道需有预留位置，直接连通屋面的油烟净化装置和风机。

五、宿舍设计

1. 宿舍设计发展

从 4~8 人的通廊式宿舍到 1~2 人的单元式宿舍，每间的居住人数越来越少，宿舍的居住功能和舒适性越来越高。单元式（公寓式）宿舍类似住宅的 1 卫 1 厅 2~3 卧的方案，是提高标准的较好方案。宿舍设计需要考虑每间的居住人数和功能布置。

2. 规范要求内容

新规范对宿舍设计有很完善的要求。对于工厂宿舍严禁级别的设计条款只有一条：居室不应布置在地下室。严格级别的设计条款较多，包括：无障碍、防火、热工、节能，宿舍内的水、暖、电、煤气设备的要求；日照条件、采光条件及通风条件；远离有较强噪声源、污染源产生的地段；出口设人员集散场地要求；人行、车行要求；室外活动场地、自行车存放处要求；房屋间距的防火、采光和城市规划要求；宿舍区域应设置标识系统；设置管理室、公共活动室、晾晒衣物空间和公共用房的设置要求；出入口及平台、公共走廊、电梯门厅、浴室、盥洗室、厕所等地面的防滑设计要求；供暖、空调设备基础和搁板等要求；安全防护措施；居室床位布置要求；居室储藏空间要求；防水、防潮要求；厕所、公用盥洗室面积、位置和设备数量要求；淋浴设施要求；居室、辅助用房层高和净高要求；宿舍楼梯的尺寸要求；电梯设置要求；装修防火要求；使用明火要求；疏散要求等。规范中还有较多的"宜"采用条款（表示稍有选择，在条件许可时应首先这样做）和建议性的可选择设计条款。

3. 设计缺陷

建设方在宿舍设计管理上，首先需明确要求设计单位严格执行规范，将规范中要求严格执行的条款落实在施工图设计中，对规范推荐或可选择的设计标准与建设方沟通确定。除规范外，在使用管理方面还需要重视以下几个设计缺陷问题。

（1）宿舍管道较多导致的设计缺陷

宿舍卫生间集中了给水、排水、通风、配电等管道，居室也需要配置照明、插座、空调，阳台也可能配置洗衣机的给水、排水管道等。由于各管道均要分配到各单元，因此在走廊布置的配电桥架、消防管道、给水管道等更加集中和占用高度。需对管道位置和占用高度进行合理设计，避免影响宿舍的净高和美观。管道的竖向布置大多采用管井方式，在通廊式的各居室或单元式的卫生间外布置给水管井、通风管井、内天井等。由于走廊、阳台、卫生间大多安装吊顶，居室一般不安装吊顶，因此容易出现问题是：走廊管道和桥架压低吊顶；居室内出现露明电管、水管。施工图设计时需考虑合理层高和干支管布置方案。

（2）遗漏导致的设计缺陷

遗漏晾衣区、公共区域监控、无线信号放大、室外集中垃圾收集区等设计，导致后来增加晾衣区、垃圾收集区没有合适位置。因增加监控、弱电系统的明管影响美观。

（3）宿舍辅助功能不完善导致的设计缺陷

宿舍辅助功能设计不完善项目包括管理室、公共会客厅、活动室、开水间、清洁间、洗衣房、电梯等。规范规定"室外地面至居室入口层高度 18m 以上应设计电梯"。既要提高宿舍的使用功能，又要节约面积，需要对居室内的床、座椅、空调形式、北方采暖形式、卫生间内布置等进行详细的排列规划。

（4）宿舍防火设计不完善导致的设计缺陷

宿舍的建筑防火设计不完善，主要有：疏散楼梯的各层指示灯、应急灯，通道排烟窗、救援窗、广播、防火门监控等。

4. 宿舍保温和节能设计

宿舍的保温节能设计标准比厂房高，宿舍的外保温需采用 A 级防火保温材料。A 级外墙保温板有岩棉保温板、泡沫玻璃保温板、酚醛保温板。这三种外墙保温板的共同优点是防火性能 A 级，符合法规强制要求，保温性能好（表 3-3）。岩棉外墙保温板使用广泛、价格较低，缺点是吸水率大，质量优劣差别大，质量差的岩棉板容易吸水脱落。泡沫玻璃是以碎玻璃为原料，通过高温融熔和离心加工而成的无机纤维材料。泡沫玻璃保温板吸水率低，缺点是脆性大，容易开裂折断，保温性能比岩棉差，同等保温要求下的厚度大。酚醛泡沫的主要成分是苯酚和甲醛，是有机纤维材料。酚醛保温板的保温性能高，缺点是脆性大与砂浆粘接容易脱落，有机材料容易老化，价格高，外墙保温使用范围小。

表 3-3 A 级外墙保温板主要指标对比

	密度/(kg/m³)	热导率/[W/(m·k)]	吸水率	抗压强度/kPa
岩棉保温板	100	0.048	2%	＞80
泡沫玻璃保温板	160	0.058	0.5%	＞700
酚醛保温板	30-80	0.023	3.4%	＞250

北方地区宿舍外保温厚度一般为 50～100mm。若保温材料厚度大则容易脱落，因此外饰面材料适合采用涂料、真石漆、装饰板、干挂石材等，不适合粘贴瓷砖。

5. 宿舍报审和验收

宿舍属于民用建筑，涉及人防、无障碍设计和验收，还有保温节能的设计、检测和室内环境检测验收。

六、小型厂区设计

1. 厂区设计规范

关于厂区设计的《工业企业设计总平面规范》（GB 50187—2012）覆盖大型矿业、热电、冶炼、锻造等各类轻重工业厂区的设计，包括：厂址选择、总体规划、总平面布置、运输道路及码头、竖向设计、管线综合布置、绿化布置、主要经济技术指标等。该规范对小型工厂的厂区设计也有指导作用。小型工厂的厂区设计重点是执行区域规划的各项指标限值，从而更好地满足使用和经济美观功能。

2. 厂区规划指标的关系与合理利用

厂区规划最主要的指标是容积率、占地率和限高。一般规定工业项目容积率大于 1.0 或 1.2，占地率大于 40% 或 50%，高度限制在 24m 以内。满足这三个指标后，厂区设计会比较紧凑，导致厂区建筑布置密度大、广场小，管线需集中布置在道路下面。提高容积率的方法是厂房层高大于 8m 的，计算容积率的面积按 2 倍计算。而食堂、宿舍、办公等辅助用房也有占地不大于 7%，建筑面积小于 15%

的要求。为了提高容积率，降低建筑密度，需将办公、宿舍、食堂等按多层规划，充分达到指标上限。为满足占地率要求也需要充分设计和计算构筑物、储货场等的占地面积。

有危险构筑物和产能较大的工厂可以申请超出一般性的规划指标，获得满足使用的合理建筑密度和容积率。如果区域的规划指标不适合拟建工厂，则可以在项目开始前期向规划部门申请协商。

3. 厂区绿化设计

如果规划绿地率是上限，则可以从便于管理和维护方面减少厂区绿化面积。围墙和建筑周围宽度小于3m的狭长绿化不利于厂区的防虫卫生要求，也不利于浇灌和清理维护。紧邻围墙内的绿化可能会引入围墙外市政绿化中的蚊蝇虫害。食品类有卫生要求的厂区不适合规划狭长、零星的小块绿地。

绿化面积较大的厂区需进行绿化景观专项设计。小型厂区的绿化基层土大多是建筑回填松散土，需要有基层压实和种植土的设计要求。有防虫洁净要求的厂区绿化应采用不容易落叶、散发花絮，不带绒毛果实，不容易生虫的树种。现代工厂应在各方面降低管理成本，在绿化上需设计完整的自动喷灌系统，包括给水管道、自动喷头等。在市政给水压力不足时，需要设计喷灌给水增压泵。北方厂区的绿化给水管需要有防冻措施。

4. 厂区入口设计

小型工厂的厂区入口适宜设置一个，包括人流出入口、货运入口、货运出口。如果货运量较大，也可以规划一个辅助物流出入口，辅助厂区入口的门卫房为降低人力成本，可按临时门岗设计和管理。厂区主入口的设置需与主厂房或办公建筑协调，方向一致，居中布置。入口的宽度应满足进出分流的需要，入口广场的深度需大于大型客车的长度，约15m。货车入口的广场深度大于25m。入口内设计小型景观和旗杆的，需要更大的广场面积。主入口门卫房有值班、登记、收发、卫生间、消防监控、安全监控、临时接待等综合功能。

5. 厂区内管廊布置

小型厂区内地下管线众多，不适合布置地下管廊。如果一定要布置地下管廊则需注意：管廊上的覆土深度应大于或避开雨污水管线，管廊内尺寸需满足检修人员通行，还需要设置排水、通风等设施，因此成本较高。采用架空管道相比地下管廊从成本、耐用、维修方面来看更适合。

6. 人流和停车位设计

厂区内的人行道路应形成闭合环线，对较大厂区可设计单独的人行道路，对较小厂区也可以在车行道路上画出人行通道线。现代工厂的停车位设计应充分预计使用需要。

7. 厂区标高和道路

厂区地面一般高于场外市政道路 0.3m 以上。在厂区相邻两条以上市政道路的情况下，为避免大雨积水，厂区内各区域地面都需要高于相邻市政道路。当相邻市政道路没有修建完成时，需要充分了解和考虑后期场外道路的修建高度，避免因外部道路起坡升高后导致厂区内涝。厂区道路的设计承载力和道路井圈、井盖承载力需符合货车的满载要求。道路的转弯半径需满足大型货车的要求，临近道路的建筑物、构筑物应留有安全距离。道路路面内应尽量减少管道和井盖的布置。

8. 厂区沥青路面与混凝土路面的优缺点比较

沥青路面属于柔性路面，行车舒适，噪声比混凝土路面小。混凝土路面必须每隔 4～5m 设置伸缩缝，影响行车舒适度且容易破损。

在施工方面，沥青路面施工完毕到可以通车使用的时间短，一天即可，而混凝土路面需要约 20～28 天的强度增长养护期。沥青道路基层采用柔性的粉煤灰稳定碎石比水泥稳定碎石更适合加快工期。沥青路面出现局部破损后修复相对比较容易，也比较快；混凝土路面强度高，局部破损后凿除不易，重铺又要多天养护，比较麻烦。

从使用效果来看，沥青路面不容易产生灰尘，表面较粗糙，抗滑能力较平整的混凝土路面强，在雨天汽车不易打滑，刹车距离也相对较短。在耐候性上，高温软、低温脆的特性使得沥青路面在极端气候条件下没有混凝土路面耐用。在质量表现上，沥青路面容易变形下陷，质量缺陷不明显，而混凝土道路容易开裂破碎，质量缺陷明显。

从使用年限来看，高速公路的沥青路面使用年限为 15 年，混凝土路面的使用年限为 30 年。从价格上对比，同等使用承载下，沥青路面比混凝土路面的价格高 10%～15%。

9. 小型厂区道路选择方案

小型厂区道路方案可以从工期要求、成本、施工场地、使用效果方面对比选择，可以选择混凝土道路或沥青道路；如果厂区较大，也可以分区域选择沥青道路和混凝土道路。

七、太阳能设计

有些地区因节能减排原因，规划要求宿舍楼有太阳能设计。集中式太阳能热水系统包括真空管集热器和支架、保温水箱、循环泵组、增压泵组、管道、阀门、保温等管路、配电和自控系统等。北方还有电或蒸汽辅助加热系统和冬季管路防冻措施。

集中式太阳能热水系统的设计需重视集热器的支架形式和摆放范围。集热器一般设计在屋面，因占用面积较大，屋面需要留有足够的空间和荷载余量。另外保温水箱的重量和尺寸也较大，为了在工程后期顺利安装，水箱的安装基础和荷载需留有足够的余量，配电柜、各泵组都需要有合理的设计位置，避免因前期设计位置和承重不足，导致后期变更修改。

集中式太阳能系统的使用参数有人数、出水温度、用途、辅热、计量方式和自控要求等。设计方根据使用要求按有关规范进行各项设计。

八、发电系统设计

1. 用电负荷等级

工程用电负荷等级是根据用电单位和用电设备的功能、规模、性质和在政治、经济上的重要性确定，保证用电系统的安全性、可靠性、合理性和先进性。国际上普遍是将用电负荷按应急电源自动切换允许中断供电的时间划分为0s、小于0.15s、0.5s、15s和大于15s五个等级。我国按用电单位或用电设备突然中断供电所导致后果的严重程度和危险性将用电负荷分为一、二、三级。

2. 民用项目用电负荷

民用工业项目中一般没有一级供电负荷，消防系统配电属于二级供电负荷，其余为三级供电负荷。二级供电负荷要求市政双路供电或单路市政供电加自备发电设备供电。当市政供电仅一路，需要设计发电设备时，就要确定自备电源供电的范围和负荷大小。除消防按规范必须满足外，考虑市政停电对生产设备运行中的物料、冷库、办公、食堂、供水设备等的影响，可以将重要生产设备、食堂、供水设备等纳入二路发电供电范围。应综合考虑发电设备成本较高、租用临时发电车也比较方便、市政停电频次较少、正常检修断电会提前通知等情况，来确定自备发电系统的供电范围。

3. 自备电源

自备电源一般采用柴油发电机组，包括发动机、发电机、控制系统、启动系统、冷却系统、静音消声器等。较大的柴油发电机组需要配备单独的油箱。计算发电负荷需要留有余量，避免因改动增加发电功率时不满足设计法规要求。因柴油发电设备主要满足消防要求，需要有本地启动、远程启动、自控联动启动、报警电话、报警、监控等细节设计。

柴油发电机组运行需要大量的进风和排风，需要设计排风井道和进风井道，室外进风口和排风口的间距应大于 1.5m，适宜设置在两个方向上。发电间地面需要做防渗油和漏油收集排出设计，室外应设置泄油事故池。

九、空气压缩系统设计

生产和包装设备采用大量的气动控制，空气压缩系统对食品工厂来说必不可少。空压设备包括空压机、储气罐、空气过滤器、除油过滤器、干燥机等，还有流量、压力、温度等自控和报警系统，以及各种管道控制阀门、排气阀门等（图 3-7）。

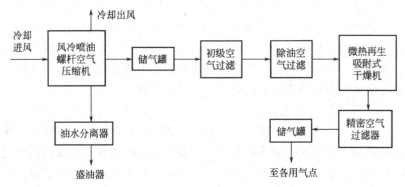

图 3-7 空气压缩系统简图

空气压缩机按压缩方式可分为活塞式、离心式和螺杆式。螺杆式空气压缩机分为无油和喷油两种。喷油螺杆空气压缩机适合食品工厂使用。如果用气量较大，则可以采用定频空气压缩机和变频空气压缩机组合的方案。空气压缩机的主要参数有排气量、排气压力等。食品工厂的空气压缩机工作压力可采用 0.8MPa，需使用食品级润滑油。过滤器的主要指标有空气处理量、进气压力和精度。初级空气过滤器的除尘精度可采用 $1\mu m$、除油精度可采用 1×10^{-6}。除油空气过滤器和精密空气过滤器的除尘精度可采用 $0.01\mu m$、除油精度可采用 $0.01\times$ 10^{-6}。储气罐有稳压、除水作用，除容量外还有工作压力、安全阀、自动疏水阀要求。干燥机有进气量要求，压力露点可采用 $-20℃$，含水量不大于 $0.8g/m^3$。分离器需满足系统的空气处理量。空气压缩系统的管道和阀门需采用满足食品安全的不锈钢材质。空气压缩系统的空气处理量和供气压力需根据生产用气各设备参数计算评估确定。

空气压缩系统的储气罐、吸附过滤器、分离器属于压力特种设备，安装前需办理告知手续，安装完成后需办理压力检测和使用许可手续。

十、车间地面排水设计

1. 车间地面排水方案

车间地面的工程质量对食品类工厂的使用效果有重要作用。车间排水地面内的排水沟、排水地漏和地面下的排水管道是更重要的设计和质量控制环节。相关规范规定车间的排水坡度宜设计为 1.5%。较小车间的排水地面整体坡度适宜设计为 0.5%，排水沟内的坡度适宜为 1%。较大车间的地面适合根据生产设备布置多个局部排水坡度，局部坡度的范围以 1.5~2m 为宜（图 3-8）。

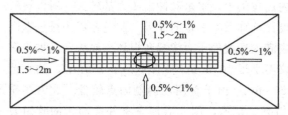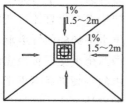

图 3-8 局部排水设计简图

2. 排水沟和地漏的位置设计

为减少含油污废水污染地面和节约清洗用水，降低车间内潮湿程度，排水沟和地漏的位置应与生产设备的排水位置相适应，生产设备和清洗工作台也应选择集中排污水方式，避免散排污染较大。排水沟和地漏的位置应避免位于设备下面，与设备和墙体之间应有方便检修和清扫的间距。排水沟和地漏不适合布置在物流通道上和物流门口处。重载物流车的频繁通行，容易造成排水格栅损坏，地面坡度易使物流车通行不畅。排水沟和地漏的坡度范围也应避开自动物流车的水平通道。

3. 排水沟和排水地漏的本体设计

食品类工厂一般采用 304 不锈钢排水沟和地漏，排水沟内仍设有排水地漏，地漏需按食品卫生要求进行三防设计，一般有水封碗、下水滤网、中间滤网和上部盖板。排水沟和地漏的各弯折均采用小圆弧角，焊接采用满焊防止渗漏。水封碗位于地漏的最下部，需有足够的焊接强度，避免因经常清理和腐蚀而脱落。上部水沟盖板有格栅和网眼等多种方式，有不锈钢、玻璃钢等材质。水沟盖板的强度应满足使用要求，采用符合食品卫生要求的不积垢、容易清洗的方式。

4. 地面防水设计

二层及以上的车间地面防水层与排水沟、地漏的连接位置容易渗漏。为避免渗漏，排水沟和地漏的局部需设计两道防水层和可靠的基层做法。

5. 排水管道设计

普通常温不含油污的排水管道可采用 UPVC 塑料排水管；温度较高不含油污的废水可采用柔性连接的铸铁排水管；排放高温的含油污废水适合采用薄壁不锈钢不抛光管。车间排水因班次和生产周期等原因会在一个时间段内比较集中，水量和冲击压力都较大，所以设计的排水管道直径可在设计计算后有一定的放大，避免在集中排放期间下水不畅和因管道形成满水造成的压力渗漏和损坏。较大食品加工车间的排水支管直径建议不小于 100mm、主管不小于 150mm、加大范围的主管直径不小于 200mm。由于食用油的凝固点较低，北方冬季的室外排油污管道容易凝结堵塞，因此需加大室外排油污的管道直径。严寒地区可采取管道保温措施。

第十五节 规划总结和设计提升

一、规划标准总结

规划方案为什么慢？为什么改？为什么定不下来？主要原因是没有稳定的中长期发展规划。在设计管理方面是因为建厂标准不足或者不完善。在现今行业大发展阶段，生产需求这个龙头随市场变化、剧烈摆动，导致工艺和规划设计不断调整，需求不确定性也比较大。如何解决？逐步总结经验、逐步规范化和标准化设计是提高效率的唯一方法。通过总结、确定工程基础性设计标准和企业特有设计标准，既能平衡难以预计的产能方案，也能快速地应对需求和工艺调整。企业方和设计方都以标准化、模块化来提高设计效率。高效快速的设计方法就是设计复制。

建厂标准来自哪里？由谁来总结提高？

食品市场的巨大需求和高速发展给自动化生产设备和生产工艺的发展带来无限空间。工艺研发和设备发展需要在工厂中落地实践。工厂是新工艺、新产线、新设备、新管理的集成所在。工厂的规划建设是综合性的，具有发展阶段局限性，同时也具有发展前瞻创新性。在规划建设过程中只有不断总结经验才能提升和完善。

企业发展来自核心竞争力，食品企业的核心竞争力来自独有的产品配方、工艺和特定管理。企业的独特本质决定了企业的与众不同。在工厂规划建设方面，企业的独特本质也决定了无法全部借鉴外部经验，必有独特的经验需要在规划建设中实现。

二、规划标准发展

建厂规划经验发展分为四个阶段。

（1）外部经验观察总结阶段

这一阶段是模仿建厂阶段，这个阶段的建厂要求比较简单，工艺需求比较简单，通过对外部工厂的表面观察能获得一定的提高，形成初级的建设规划概念。

（2）外部经验顾问总结阶段

这一阶段是规划提升发展阶段，学习行业领先经验，工艺和产能获得较大提高。通过经验丰富的顾问团队获得建设规划经验。通过向顾问系统学习，形成自有的建设管理团队和模式。通过对建设规划过程进行总结，获得建设管理的教训或经验，形成初步的规划方案。

（3）自有研发，对外交流阶段

这一阶段的自有研发包括生产配方研发、生产工艺研发、生产设备研发、工程规划建设研发等。大部分食品企业在初级阶段就建立研发中心进行配方研发和生产工艺研发。经过大规模发展后，生产设备定型化是影响工艺设计的主要因素，需要建立生产设备定型化的研发部门。规划建设经验达到更高要求后，建立规划定型化的研发部门，获得高效率的工厂规划能力。研发的发展提高可以分为：研究院阶段、科学院阶段、工程院阶段。研究院阶段要总结经验和试验形成标准，科学院阶段要全面系统地研发和总结，工程院阶段要获得实质性的研发经济效益。

（4）行业研发领先，对外经验输出

这一阶段的工厂规划建设以研发成熟为标志，自有规划特性完善，不断推出行业领先的规划建设标准。

各个阶段都需要试验和总结，形成企业的自有规划建设标准。不断总结形成的特有标准是不断提高建厂能力的动力来源。经验总结也需要从两方面进行，一方面是总结不利的，需要纠正的问题；另一方面是总结有利的可以形成自有标准的成功经验。总结成功经验与总结不成功的缺陷经验同样重要。优劣都总结才能不断提高规划建设的标准和效率。

第四章

甲方施工管理

"施工"一词出自宋代朱熹的《西原崔嘉彦书》，谓工程按计划进行建造。"施工"的出处并没有特指施工方。甲方施工管理和乙方施工管理有类似方面，也有较大区别。

第一节　依信建设

一、行业诚信甲方为先

行业与企业要健康有序运行，就不能没有诚信。诚信是法治的基础，是道德的基石，是企业发展的生命。诚信机制能倍增企业管理的效率。

诚信缺失不仅造成行业乱象，也在无形中不断增加建设和施工双方的成本和浪费。即使是在合作较好的项目上也有很多因不诚信导致双方损失的案例。甲方是建设目标提出方、是合同主导方，在建立推进行业诚信上应表率先行。甲方提高管理能力首先需要提高诚信。因甲方不诚信而导致项目失败和损失的教训很多。

甲方管理需要从研究建筑法规、合同和建设需求开始，也需要研究设计、安全、进度、质量、成本等管理方式。甲方在诚信的决策下，对内部团队和外部合作方都依据法律和客观事实建立起公平诚信的合作基础，对内部能够有效积累管理经验，提高管理效率，也能管控乙方的各种不诚信行为，把乙方因不诚信带给甲方的损失降为最低，避免乙方以更大的不诚信回应甲方的缺失，降低甲乙双方以互不信任方式合作的不利结果。甲、乙双方的诚信建立需要从科学合理做起，从招标合作做起，从各自管理做起，从符合法律和客观规律做起。

二、建设模式

1. 模式分类

各种建设模式可以归为三个大类：

① 政府主导的基础设施建设运作模式；

② 投资建设方的组织管理模式；

③ 各种建设承包组织模式。

2. PPP 模式

第一类是有关政府引入社会资本建设基础设施的各种模式。政府投资建设涉及工业建筑、民用建筑、公共建筑和各种基础设施等。政府投资建设有直接组织也有第三方代建等方式。涉及基础设施建设有关的各种模式都是 PPP 公私合营模式下的，因不同基础设施差异性而分化出的各种利用社会资本的模式。此类模式的核心特征是非政府一方作为社会资本需先期投资和融资，本质是与政府合作投资，与其他类型的管理模式和承包模式本质不同。其他管理模式和承包模式都不需要投融资。PPP 的主要模式有：

① BOT（建设-经营-转让）模式；

② BOO（建设-拥有-经营）模式；

③ TOT（移交-经营-移交）模式；

④ ROT（重整-经营-移交）模式；

⑤ BT（建设-移交）模式；

⑥ BOOT（建设-拥有-经营-转让）模式。

3. 项目管理模式

第二类是以甲方为主体的各种组织发展模式，包括项目管理 PM 模式、PMC 项目管理承包商模式、CM 代建模式等。

（1）项目管理 PM 模式

该模式属于传统模式，近二十年以来主要是"甲方项目管理团队模式"。1984 年我国首次采用国际招标方式建设鲁布革水电站后，引进开展了承包商项目经理制度。现在项目管理早已走出建筑业，各行业都普遍实行项目管理方法。

项目管理是以项目为对象的全过程动态管理模式。实行项目经理负责制。项目管理体系应该确保项目经理充分的权力，真正落实项目经理负责制。项目管理是一项技术性非常强的工作，要符合社会化大生产和分工的需要，项目管理必须标准化、规范化。不同企业的项目管理重点也不同，企业发展必须建立符合自身特点的项目管理体系。项目管理是各种现代管理模式的基础组织形式。

项目管理认证（PMP）是由美国项目管理学会（PMI）在全球范围内推出的针对项目经理的资格认证体系，通过该认证的项目经理称为"PMP"。从 1984 年以来，美国项目管理协会就一直致力于全面发展，并保持一种严格的、以考试为依据的专家资质认证项目。国内自 1999 年开始推行 PMP 认证。

（2）PMC（EPCM）项目管理承包商模式

也可称为"顾问公司模式"。选择专业的项目管理公司代表甲方进行建设全过程的组织管理。在这种模式下，甲方设置规模较小的项目团队。国外的 EPCM 总包工程管理公司模式与 PMC 类似。此类模式都可以称为顾问公司模式，其特征是该类管理公司一般没有设计资质和施工资质，拥有咨询类资质，收益主要来自顾问咨询管理费用。本质是甲方的项目专业管理延长。设计和施工承包方仍与甲方直接签订合同。顾问公司模式在工业项目建设中比较多，特别是工艺、功能还在提高发展中的，行业个性化强的项目更需要顾问团队提高甲方建设能力，帮助甲方迅速提高建设水平和降低建设管理费用，为灵活设置甲方自身项目团队提供合适的方式。在这种模式下，甲方对关键节点的管控，仍是项目进展的重要环节。

（3）CM 代建模式（construction management 工程施工管理）

代建模式起源于美国，与 PMC 顾问公司模式的区别是甲方不直接参与管理，通过代建公司监督管理项目进展。分为顾问型代建模式和风险型代建模式。风险型代建模式在英国获得较广泛应用。

顾问型代建模式在国内房地产行业已经出现，有品牌代建、销售代建、融资代建等模式。根据市场情况，代建方获取较高的管理费用和效益分享等。国内政府投资项目采用顾问型代建模式较多，这种模式的设计方、施工方仍与使用方（业主方）签订合同。代建公司与政府投资方签订协议，政府投资部门全权委托代为建设管理。

风险型代建模式是代建公司与政府投资方和使用方签订协议，由代建公司代业主建设，设计方、施工方与代建公司签订合同。建设完成后，代建公司将项目产权移交变更到使用方。这种模式下的代建公司效益主要是代建管理费和绩效奖励，存在的问题是代建管理费偏低。各地政府出台政策局限于预算中的建设管理费，有些项目还需要从中分出一部分作为政府派出项目管理的费用。实际实施过程中，政府投资部门根据实际情况提高支付代建管理费用，维持代建管理公司的合理运营。

4. 建设承包模式

第三类的建设承包模式主要有传统的施工总承包模式，平行发包模式和 EPC 下的几种工程总承包模式。

（1）施工总承包模式（传统模式）

这是甲方按设计、招标、采购、施工等分阶段组织的模式。其中总承包单位承担施工部分，如果再承担设计、采购中的一项或全部，就成为EPC工程总承包模式。

甲方在传统的施工总承包模式中分阶段组织，以签订合同为阶段节点。具体是甲方签订设计合同，委托有资质的设计单位进行设计。签订招标代理或造价咨询合同，委托有资质的第三方进行招标或造价咨询服务。甲方签订设备的采购供应合同，签订总承包施工合同，委托有资质的施工企业完成施工。甲方负责组织竣工验收和交付使用。传统模式历史悠久，管理方式成熟，获得国内、国际和行业内、外的广泛认可。传统模式的各阶段界限清楚，按顺序进行，所以工期较长。各方责任和利益也比较清楚。在《中华人民共和国建筑法》和《建设工程质量管理条例》中明确的建设单位、勘察单位、设计单位、监理单位、施工总承包单位五大责任主体在传统模式中责任和分工明确。

（2）平行发包模式

甲方将工程项目同时发包给多个承包商。该种方式在有些国家流行，在国内不适用于规模较小的工程。不符合《中华人民共和国建筑法》规定的"提倡对建筑工程实行总承包，禁止将建筑工程肢解发包"，在工程建设中存在甲方指定分包和甲方直接分包的情形。甲方指定分包需要纳入总包管理中。甲方直接发包存在不符合有关建设规定的问题。甲方将一个较大的工程分成几个单项工程，分别取得开工手续，分别发包给几个施工总承包。该种方式可归属于平行发包，并且符合现行法规政策。

（3）EPC工程总承包模式

这是国际通用的工程总承包各种模式的总称。其中的E代表工程，包括从策划到具体设计的广泛内容；P代表采购，包括从专业设备到建筑材料的采购；C代表建设，覆盖了从施工、安装到技术培训的广泛内容。

与传统承包模式相比，EPC工程总承包模式具有以下三个方面基本优势：

① 强调和充分发挥设计在整个工程建设过程中的主导作用，有利于工程项目建设整体方案的不断优化；

② 有效避免设计、采购、施工相互制约和相互脱节的矛盾，有

利于设计、采购、施工各阶段工作的合理衔接，有效地实现建设项目的进度、成本和质量控制符合建设工程承包合同的约定，确保获得较好的投资效益；

③ 建设工程质量责任主体明确，有利于追究工程质量责任和确定工程质量责任的承担人。

在工程总承包模式下，其组织结构形式通常表现为以下几种形式：

① 交钥匙总承包（EPC）；

② 设计-采购总承包（E-P）；

③ 采购-施工总承包（P-C）；

④ 设计-施工总承包（D-B）。

最为常见的是第一种交钥匙总承包和第四种设计-施工总承包两种形式。

交钥匙总承包是指设计、采购、施工总承包。总承包商最终向业主提交一个满足使用功能、具备使用条件的工程项目。这种模式是典型的 EPC 工程总承包模式。

EPC 工程总承包模式是当前国际工程承包中一种被普遍采用的承包模式，也是我国政府和现行建筑法规中积极倡导、推广的一种承包模式。国内建设部门一方面出台政策，大力向社会推行，另一方面在政府投资项目中也积极实行。这种承包模式已经在国内的房地产开发和大型市政基础设施建设中被较多采用。

（4）建设模式发展趋势

随着工程建设中的智能、智慧化科技含量不断提高，复杂综合性的设计越来越多，业主也积极向投资和融资方向转化，摆脱具体详细的过程管理，更趋向重视项目成果控制。设计方、施工方、管理公司向融合方向发展，克服专业分工壁垒，提供更专业、更全面、更综合的建设管理团队。投资业主方在获得工程总承包模式的显著效益后，将快速接受 EPC 模式。传统乙方地位的设计、施工、管理公司在适应转变为 EPC 新模式后，也将获得较多的发展空间。

三、工程项目特殊性

工程项目有建设长期性、地点固定性、过程一次性、强制规范性、复杂广泛性等特性。不同于批量生产的商品，建筑具有类似艺术的特性。18世纪德国哲学家谢林在《艺术哲学》一书中提出描述音乐于建筑的至理名言"建筑是凝固的音乐"。

（1）建设长期性

建设期长是工程项目特殊性的最主要方面。因为工期长，项目决策条件随外部环境变化大，甚至项目合理性都会因延期而变为不合理。建设期长导致项目目标不断调整，从而项目管理方法也不断调整。管理流程的总结完善周期跨越一个或者几个项目周期。

（2）地点固定性

项目地点固定对项目管理有两个主要影响：一是自然条件不同，如地质条件、气候条件引起的不同管理内容；二是社会条件不同，如交通道路、能源供应、排放要求等引起的不同管理内容。项目地块条件形成项目的成长基因，地块条件的影响贯穿从规划到建设再到运营的全过程，是项目全过程管理的主要影响因素之一。

（3）过程一次性

过程一次性包括设计一次性、施工单件性、管理组织阶段性。一次性主要表现在参与工程项目建设的甲方、设计方、施工方、监理方等都有的共同特点：工作基本是连续变化、不重复、不可逆的情况。每个岗位每天的工作内容不同，同一天各个岗位的工作内容不同，每个项目团队在同一时间的工作内容也不相同。因此工程项目管理的绩效考核和评比激励办法难以高效和完善。

（4）强制规范性

强制规范性是指工程建设从可行性研究立项、工艺方案、设备、产品、规划设计、建设组织、参建各方、工程验收、投产运营都有详细的法律规范规定。由于工程建设项目涉及民生和社会安全，因此几乎全过程都有详细的政府监督管理。工程建设项目各个阶段的组织和管理都需要遵守和符合法规规范要求，也需要随着政策法规、政府监督变化而改进、提高管理办法。

（5）复杂广泛性

复杂广泛性指工程项目的类别覆盖全社会，建筑材料多种多样，工艺方案层出不穷，专业分类多种多样，参建单位和涉及的专业也很多。

四、工程项目微观管理

1. 微观管理内容

传统工程项目管理是从宏观方面分析的，是研究从选址立项、规划、设计、实施到竣工验收各阶段的管理方法，是工程项目管理体制、工程项目计划、工程项目实施控制、工程项目合同、工程项目风险等目标实现的管理方法。传统宏观管理是工程项目管理的理论基础。

项目微观管理是对工程管理具体内容和管理岗位的精细化管理，是针对工程项目特殊性进行细节管理的创新方法。项目微观管理和宏观管理相结合是提高管理效率的更有效方法。

工程项目的微观管理不是贬义的"对细节予以很大的或过度的控制与关注"，也不是"微观管理者监视及评审每一个工作步骤"，而是对工程管理的各个环节和各个岗位进行横向和纵横的关联分析，形成互相促进的工作流程，去除互相影响、拖沓、重复浪费的工作关系，促进各项工作节点的前置条件平衡推进，避免在流程中出现短板。

2. 管理效率

项目管理（PM）和项目管理公司（EPCM）团队的项目管理效率主要在于项目团队能力、制度流程和授权管理效率三者的约束关系（图 4-1）。

图 4-1　管理效率关系示意

（1）确定设备品牌

设备采购流程中需要确定设备品牌。流程规定需要按项目品牌方案选择三家以上同类型、同档次的设备进行对比。在项目团队完全有能力选择品牌和流程规定的情况下，还需要根据采购金额的大小，再具体授权工程师、采购主管或项目负责人分级决定设备品牌，可以是三家供应商的三个品牌对比，也可以是一个品牌的三家供应商对比，对金额很小的设备采购也可以授权独家议价。按照采购金额的大小给予授权决定，是提高采购效率的有效方法，避免按照大宗采购制定的复杂流程在小额、零星、特殊品种采购上的低效拖沓。

（2）企业的建厂核心团队

以生产经营为主的食品企业不适合成立规模较大的工厂建设团队，但从企业长期发展来看，需要保持工厂建设的核心团队。核心团队包括生产设备工艺研发和工程建设规划两个方面。

3. 微观管理的岗位设置

（1）项目管理团队

从项目微观管理角度，PM 项目管理团队或者 EPCM 项目管理公司的项目管理团队都是按照工程专业分工设置管理岗位的。工程项目管理岗位的专业要求和综合能力在项目管理团队中越来越重要。岗位的专业程度和经验能力是形成项目管理团队能力和效率的基础。团队中的各个岗位往往各负其责，一个岗位的缺位或者能力不足能够产生短板效应，从而影响团队的整体能力。需要根据项目规模的大小和涉及的专业程度来设置岗位。比如，智能化程度高，有复杂的网络布控、数据交换等系统，需要设置弱电专业能力强的岗位进行前期规划和过程管理等。

工程项目团队中的多数岗位管理核心都与设计有关，多数管理流程都以设计为基础后台，如采购、合同管理、进度、成本、质量控制等，设计管理是隐藏的项目核心管理。

（2）项目岗位的微观管理

工程项目的特性导致其无法统一具体标准进行岗位评比考核，也难以实现到岗到人的精细管理。项目管理岗位因工作内容变化复杂，难以进行岗位间的横向和同一岗位的纵向定量评比考核。

岗位目标如何与项目团队目标一致，岗位工作进程如何与项目总体进度一致？需要从监督和激励两个方面进行。在加强监督和提高管理效率方面，要不断提高项目管理的制度流程化、工作标准化和责任分工制。与项目不适合的岗位设置和职责会导致因人力不足或能力不足而形成的"加班式"管理和"救火式"管理。

制度流程化在微观管理上可以细化岗位规定动作，将制度流程中的必要工作形成节点和目标，通过"规定动作"完成，减少遗漏环节的损害，将不必要的工作环节进行简化，提高效率降低内耗。

工作标准化在微观上需要重点发展岗位工作工具化，降低岗位工作强度和工作量。比如大量的招标、采购、合同、报告、会议、变更、核查等都可以形成适合方便的工具式统一模板。

责任分工制在微观管理上不仅要细化岗位职责，还需在各项管理流程中增加岗位责任界面划分和工作流的时间规定。

与项目管理监督机制相比，项目激励制度同样重要。激励对于打造精英团队和高效团队更加有效。激励制度来自三个方面：一是适合的有激励效果的薪资体系；二是对明确目标的高效奖励机制；三是对不适合团队目标实现的人员退出机制。不适合团队发展的岗位人员退出机制在某些情况下更为重要，更能提高工作的自觉性、主动性和创新性。

（3）项目的微观时效管理

给项目正常管理带来不利影响的主要是"抢工期"和"变设计"。这些都会导致管理混乱，把可以正常进行的程序变为特殊办理，把应该完成的环节变为后期补充办理。在传统的项目管理中往往只重视进度，而忽视了非正常的管理，对大量的过程管控缺失视而不见。

坚持规范管理、依法建设的建设方更需要加强过程控制，按制度流程依据合同进行管控、协调各方，避免各种管理缺陷。设计变更和质量、进度、结算等管理缺失不仅增加成本，还可能造成违法情况，如工期和结算因调整变化导致争议较多，存在结算拖延比施工期还长的项目。工期、质量索赔和结算争议是施工诉讼的主要方面。

微观管理上需要把抢工期和变更与管理流程协调一致，设置适应变化、能力足够的岗位人员和工作机制。保持调整与设计同步，设计各专业同步，变更与费用同步，调整与目标同步。避免口头命令管理，避免集体救火管理，避免过程监控缺失，避免矛盾集中爆发。实现施工与检验同步，进度与成本同步，完工与结算同步。

实行过程时效管理，把违法违规粗放管理转变为依法依规科学管理是建设的发展趋势，是降低投资风险，适应社会化发展的信用需要和高效快速投产需要。

五、项目招标采购管理

1. 招标采购分类

招标采购管理简称"招采"管理。"招采"管理是项目重要管理之一。首先通过招标采购流程确定设计或顾问等项目总服务单位；其次确定对建设有重要影响的总承包单位；还需要确定其他咨询、监理、检测、测量等工程服务合作单位；在建设过程中逐步比选确定"甲分包"和"甲供货"等合作单位。各企业间的"招采"流程大同小异，从长期合作、年度合作到公开招标比选。各种方式中占主导的是"市场竞争、货比三家"。

总承包发包外的甲方直接分包或指定总包进行分包的叫作"甲分包"。甲方直接采购设备或材料供应总包、分包单位安装的叫作"甲供货"。

在传统的施工总承包模式下，甲方有必要进行"甲分包"和"甲供货"，其优点是可以降低工程成本。但"甲分包"和"甲供货"过多会导致甲方管理协调工作量大，使总承包单位的总包管理缺失和责任降低。与甲方相比，施工方更熟悉行业特有设备和材料的质量，对施工图完善和调整出现的增加、变更项目有较强的管理控制能力。"甲分包"和"甲供货"过少，设计范围全部放入总包合同中，需要有较完善深入的施工图设计，施工图中的设计缺陷和漏项较少，并且需要选择行业建设经验丰富的总承包单位。总承包单位能够派出真正具有行业建设经验的项目管理团队，对食品工厂建设成本管理充分了解，具有高度的合同履约能力和诚信，具有较好的施工质量和进度协调管理经验。

2. 食品工厂招采特点

食品工厂建设的甲方"招采"流程与房地产开发企业有很大不同。食品企业的工厂建设规模远小于大型房地产开发的规模，而食品工厂的复杂程度却远大于相同规模的住宅或商业项目。不同企业的建设标准和功能需求又差异很大，导致"招采"过程中出现较多的不对称信息，造成实施过程中矛盾不断。食品企业应根据自身长期发展的需要建立简洁的招标采购制度，需要建立制度严谨、高效节约、客观灵活、质量保证的招标采购流程。

招标采购的核心仍是设计标准和采购参数，只有在同一个标准下才能实现较好的比选结果。比选目的是选择性价比最合适的搭配，过度的比选将导致以降低质量和服务标准来换取低价格。从投入使用后的长期效果来看，选择品牌信誉度高和技术含量高的设备、材料对生产管理更合适。

甲方项目团队需要不断积累工厂建设特有的标准和参数，不断提高采购的性价比。但是过度的追求采购标准和参数也将导致成倍增加工作量和管理偏差。适当地建立采购合作单位，对特殊设备或材料引入知名企业或可信企业进行合作，是提高管理效率、降低管理风险的可行办法。

招标采购流程可以设置不同环节的责任人，在流程执行中形成过程审核，形成良性的监督机制。针对不同的采购项目采取不同的比选方式，可以在设计方案基础上比选价格，也可以是设计方案和价格共同比选。按采购类型和采购总额建立有区别的流程，灵活机动地提高采购效率和降低成本。

六、改扩建管理

食品工厂的改扩建管理要从手续合法、设计合规、预算控制、满足需求、成品保护等方面进行组织。按有关法规，大于规定面积的改建需要办理政府监督手续。由于历史原因，在很多省市中关于装修改造没有切实的办理流程，装修改造大多没有办理合规的开工手续，也无具体部门监督管理。随着政府监管职能转变，食品工厂的改扩建迅速向着合法监督和审核简化的方向发展。对于依法依规长期发展的企业，应该重视改扩建项目的建设合法、合规性。在企业计划评估改扩建的同时，需要到政府部门咨询了解有关备案、建设监督、环保、验收等申报手续，也需要了解政府在改扩建方面是否有特殊支持政策等。

改扩建项目的设计也需要从设计安全、合规方面加以重视。改扩建项目大部分涉及结构的开洞、加固等。因为设计规范的不断调整，新改建的设计需要符合新的法规，可能与原建筑的旧法规有很大不同。在改扩建设计开始前，需要充分与原设计方进行沟通，评估新旧设计的对接问题，特别是改建承载结构的，需要按新规范进行复核计算。其他的配电、给排水、消防水、消防排烟、消防监控等都需要进行调整对接。选择原设计院进行改扩建设计是比较适合的选择。

改扩建项目可能是一个单体，也可能是一个单体中的一部分。食品工厂的改扩建仍可能是复杂的，仍包含结构加固、建筑调整、水电暖通、各种增加设备等，仍与新建食品车间有相同的各种施工组织和采购内容。

改扩建项目的成本管理与新建项目同样重要。在拆除量较大和单项工程量较小情况下，单位面积的成本相比较大。改扩建项目也需要进行详细的设计和预算，进行总造价的评估和控制。

七、租赁项目管理

1. 租赁的法规条件

租赁厂房首先需要确认生产使用功能与原审批验收文件是否符合，特别是防火等级和使用性质，需符合消防安全要求和环保要求。

租赁厂房需要改扩建后用于仓储或生产加工的，在租赁谈判和改建过程中需要涉及多方面问题。租赁改扩建项目超过规定的最小面积后，与新建工程的申报、审批程序基本一致。如果不涉及增加面积，则除土地和规划外仍需要办理的报批手续有备案、设计图纸审核、消防、环保、质量监督、安全监督、施工许可等，也需与新建项目类似办理工程竣工验收、涉及的各特种单项验收、环评验收和投产生产许可手续。

2. 租赁的设计管理

租赁改扩建项目需要核实原设计图纸情况和厂区的配属设施情况，对改建内容和工期、预算进行翔实的估算。咨询政府相关部门的具体审批要求，避免中途办理困难甚至无法办理，出现违规风险。改扩建对原建筑的影响和改建后的财产所有权、租赁结束后的处理等也需要协商确定。

3. 租赁的使用条件

除设计和建设方面的合规条件外，还需要充分考虑生产使用需要的租赁条件，比如：进出场道路、厂区出入口管理、停车场、货场、安全监控等场地使用需要；管理人员办公、工人住宿、食堂等生活条件；用电量、用水量、排污、燃气、夏季空调、北方冬季保温防冻等生产条件。

租赁项目的租金和租赁期限是最重要的条件，需要向租赁方缴纳的费用可能还有电费、水费、燃气费等，需要就发票开具等财务方面事项进行沟通明确。

第二节　甲施管理

一、甲施管理的提出

现代项目管理理论认为，任何项目都可以划分为四个主要的工作阶段：项目的定义与决策阶段、项目的计划和设计阶段、项目的实施与控制阶段、项目的完工与交付阶段。在工程建设上就是立项决策阶段、设计阶段、施工阶段和竣工交付阶段。

正常情况下，施工阶段是工程建设中周期最长、组织管理工作最复杂、问题出现最多的阶段。常见的"抢工期"主要出现在施工阶段。施工方是建筑业发展的主体，也曾经是施工管理发展的主要方面。关于施工方在施工管理方面的理论和体系比较成熟，对其制定的相应法律、法规也比较健全。而建设方在施工阶段的管理理论独立性不强，甚至依附于施工方管理体系，也没有形成规范性的通用流程制度。

施工方在安全管理上有规范性的"三级教育制"，在法律规定上必须配备专职安全员，施工项目负责人和施工企业负责人也必须有法律规定的安全管理资格培训证书。施工方在质量管理上有"自检、互检、专检"三检制度，并且依法设置专职质量检查员。施工方在施工进度管理上有周、月、季等不同的进度计划和纠偏方法。针对施工方项目进度的管理软件也比较完善成熟。

建设方和施工方在施工过程管理中既有对立也有统一。在没有设计变更或者施工条件没有变化的情况下，单一的进度、质量、安全、成本等管理目标是基本一致的。但在出现变更或其他施工条件变化，需要调整进度、成本和保证质量、安全情况时，双方的目标产生分歧。特别是当涉及成本变化或者需要费用纠偏时，建设方要降低费用，施工方则追求成本和利润。建设方和施工方需要采取不同的管理方法和流程实现各自的目标。建设方的施工管理和施工方的施工管理有类似方面，也有较大的区别。

施工是指把设计文件转化为项目产品的过程，包括建筑、安装、试验检验等作业。而施工管理是施工企业经营管理的一个重要组成部分，是企业为了完成建筑产品的施工任务，在从接受施工任务起到工程验收为止的全过程中，围绕施工对象和施工现场而进行的生产事务的组织管理工作。一般来说，施工管理成为施工方企业在工程建设施工阶段的管理特指，而建设方在工程建设施工阶段的管理需要与施工方有所区别，可以称为"甲施管理"。

甲方在施工阶段常常为追求进度而采取不合理的组织方式，主要有"先变后补、先干后认、先抢后修、先施工后分责"。

①"先变后补"指没有经过设计单位设计修改，甲方自行现场变更设计图纸，施工完成后再根据施工情况后补设计变更单，存在调整不符合设计法规和调整不完善的风险。

②"先干后认"指出现变更后，甲乙双方施工前不确定变更费用和工期影响，拖延很长时间后再协商确认，甚至拖延到结算阶段确认，造成费用分歧和拖延工期责任不明确。

③"先抢后修"是指在出现变更后，因抢工期需要仅仅变更直接项目，没有对变更引起的其他专业变化进行设计调整，导致变更后不断引起其他专业的拆改调整。

④"先施工后分责"是指出现变更后甲乙双方在责任问题上不明确，把责任划分问题带入后续施工组织中，导致进度、成本的管理出现矛盾分歧，引发甲乙双方在更大范围的责任不清。

甲乙双方的施工过程管理不到位、不明确，甲方以抢工期为主要目的，前期不断停工拖延，后期极大压缩施工工期，简化忽视过程控制，是导致结算期比施工期还长的建筑行业弊端的主要原因。

"制度管人，流程管事。""甲施管理"的核心流程有招标采购流程和合同审核管理流程；重要流程还有设计变更和签证流程，安全、质量、综合进度管理流程，进度款审核和结算流程，设备进场和分项验收流程等。

复杂食品工厂建设过程中经常出现工艺、设备调整导致的设计变更和拆改，引发进度、成本调整变化，甲施管理问题更突出。甲方需要在施工准备阶段建立科学合理的流程，签订完善的合同，对预计出现的问题采取合理的处理方案，并把方案融合在合同条件中。甲方应坚持在施工建设过程中严格按流程工作，有序、科学、合理地组织施工建设。

二、竣工与交付管理

工程项目在施工期结束时，还需要经过竣工与交付阶段才能够真正结束。在竣工与交付阶段，需要按图纸检查各项施工是否完成，各项施工质量是否合格，各项功能是否达到设计要求。图纸以外的在项目立项和决策阶段提出的，以及设计、施工阶段所提出的各种变更要求也需要核对检查。

复杂食品工厂的竣工验收应首先组织施工各方进行自检，再组织监理、设计、甲方项目团队检查，还需要组织使用部门进行详细的质量和功能验收，直至使用部门接收通过，建厂项目才最终完工结束。竣工与交付阶段需单独作为一个阶段组织安排。在工期严重压缩的情况下，竣工、交付阶段与生产设备安装和试生产过程可同时穿插进行，需要提早进行详细的计划安排，降低整改工作量和调整成本。

三、甲施采购管理

采购计划有始终，提前采购待安装。
计划全面分阶段，责任分工有时间。
设备采购看品牌，品牌高低先定好。
关键参数需对比，使用功能随订单。
前期考察很重要，厂家规范诚信强。
货比三家好办法，市场竞争较合理。
低端生产质量差，安全不保信誉低。
集中采购效率高，长期合作诚信高。
到货时间沟通准，保证资料一同收。

货到验收要严格，交接保管有责任。

安装质量要试车，质保承诺不能少。

档案建立收集齐，使用说明书面交。

在"甲施管理"的施工准备阶段就需要编制"项目招采计划"。根据项目的"综合进度计划"详细制定招标采购各项、各节点的工作内容、时间和责任人，直到签订合同。设备、材料采购需要确定品牌范围和标准，品牌标准能较大程度影响项目整体观感和功能质量。对重要的安全设备、阀件和重要外观材料需选择品牌信誉高的厂商。在材料设备订货和考察前需要确定或收集评选品牌范围，避免盲目确定品牌。

设备和材料的参数标准是采购核心，设备的主要功能和参数需要在调查了解市场行情的基础上根据需求确定。对设备参数和标准需要建立流程来审核确定，逐步实现标准化、定型化。很多设备和材料在适合用于哪些部位和系统方面，细分很具体，并且有区别，特别是因为不同法规要求而有区别的，在采购订单及合同中需明确使用部位和功能要求，以便供货商核定是否满足使用需要。

供货商考察是评价供货能力和信誉的最有效方法。通过考察对比来完善采购标准，使标准参数更接近该设备、材料制造行业的实际情况。通过对比和竞价流程取得比较好的供货价格和安装服务。甲方采购需避免该行业的低端厂家，避免因不完全了解设备、材料的制造原料区别和制造加工区别等引起的低端质量和功能。

材料和设备的质量保证资料越来越重要，是工程验收移交的重要部分，也是食品工厂规范管理、政府和第三方公司的各项审核依据。质量保证资料需要在订单和合同中明确，随同设备和材料到货一同提供。建立设备和材料的到货验收流程，对外观、品牌、数量、参数等进行详细的到货检查，组织施工管理各方一次性验收完成，并确定保管、安装责任单位和责任人。设备运行后仍可能出现问题，需要在合同、订单中确定指导运行和维护维修的质保承诺和责任。

为满足使用管理要求，需要提供设备使用手册或说明书。对复杂设备需要组织使用培训和使用说明手续交接。特种设备需要按国家有关部门的规定提供厂商特种设备的生产制造和检测资料，安装过程中还需要按本地特种设备管理部门要求的备案、安装检测等法规，取得特种设备安装检测合格文件和使用登记证书文件。在施工准备阶段需要了解建立特种设备的管理要点。

四、甲施成本管理

　　成本估算立项始，选址也要测成本。
　　规划方案是重点，简单成熟成本低。
　　特殊功能费用高，方案选择需比较。
　　图纸设计需严谨，二次修改浪费大。
　　重要设备甲供货，直接采购性价高。
　　施工管理重变更，变更评审增减账。
　　签证管理难度大，诚信依规最合理。
　　签证及时专人管，正常组织影响小。
　　随意变更风险大，违法违规费用多。
　　变更签证不及时，甲乙互相不认可。
　　留待结算争议多，不利乙方甲更亏。
　　结算需要实际核，依规互信守合同。

　　国家对国资和外资项目的投资管理有严格的法规规定。政府发改部门在国资项目立项阶段审核、批准项目概算。批准后的项目概算作为项目投资建设的控制目标。项目开工前根据施工图纸还需要做详细的投资预算，投资预算要经过政府财政部门的审核、批准。财政部门审批后的投资预算是施工总承包招标控制价的依据。国资项目的建设费用支出需要经政府财政部门监督、审批。项目建设完成后需经过财政审计。在国资项目建设过程中，政府管理部门或委托代建方未经过原审批程序不能进行功能、建设规模、装修标准等变更，对投资成本变化严格控制，总投资中的各分项建设成本也不能超出审批预算。

　　食品工厂属于非政府投资项目，成本由投资主体自行负责。投资主体也应建立科学合理的投资成本概算、预算、结算审计程序，合理、高效、有序地开展项目建设。

　　项目立项选址阶段的地质条件、规划条件、市政条件对建设成本和运营成本都有较大影响。设计阶段的工艺方案和可行性规划方案需要按照项目决策要求进行评审和确定。

　　"甲施管理"阶段中的成本管理重点是设计变更管理。变更有来自使用功能调整的较大设计变更，也有完善细节的较小设计变更。成本控制需要在变更实施前评估或确定费用变化。有些工厂建设的功能需求非常复杂，产能也较大，但是产品工艺、生产设备和建设标准还在不断地提升发展，处于不稳定、不成熟的初级建设阶段。初级建设阶段的项目在建设过程中有较多、较大的功能调整和设计变更，需要设置相应的成本管理岗位，或者由经验丰富、能力强的第三方造价咨询公司协助配合。

拆除等签证在施工过程中应严格管理。签证发生后立即由甲方、监理方、施工方的造价和工程管理人员共同到现场进行测量，据实确认。设计变更和签证的区别在于设计图纸。由设计单位出具施工变更图纸的是设计变更，无需施工变更图纸的现场发生的合同外费用可使用签证，也称为"工程签证"。应严格管理区分设计变更和签证。应由设计单位出具变更图纸的不能由甲方或委托甲方以签证代替。签证施工前也需确定费用变化，或在实施后的规定时间内确定费用，避免将大量变更、签证的费用审核和争议带入结算中。

将较多变更留待结算确认的不利后果如下。

① 结算期长，甚至超过施工期长度。建设方和施工方的项目管理人员长时间不能脱离已经竣工交付的项目，双方的项目管理成本增加。

② 结算内容多、争议大。施工方因结算时间长，工程款支付拖欠严重，增加索赔风险。建设方因过程变更已经完成，结算加大审核审减，与施工方加大矛盾。

③ 施工方因结算争议与建设方产生矛盾，拖延办理竣工、房产等手续，发生欠薪索赔和诉讼等事件。

项目结算前需要进行完工核对验收。核对验收与竣工验收不同，核对验收针对的是结算工程量。以竣工图结算的项目需要核对工程做法、单项施工范围，以及主要设备的品牌、数量、参数等。

五、甲施设计管理

设计工作最严谨，法律法规是依据。

设计本身有总分，总体责任最关键。

开始规划要合理，几个大框很重要。

框多复杂工期长，框少简单效益差。

满足使用排第一，产能在前图在后。

大小合适有余量，如要预留规划前。

规划方案沟通清，双方确认有专篇。

施工图纸依方案，突破规划不可行。

专业图纸要详细，严格依规不擦边。

设计详细有经验，适合本地经验多。

过程变更要出图，调整考虑各专业。

设计能力是关键，价低图糙项目毁。

食品工厂设计一般分为规划方案设计和施工图设计两个阶段。对于非政府投资的食品工厂，政府审批环节包括初步方案备案、方案设计审核和施工图设计审核。

（1）初步方案备案

初步方案包含在立项备案中。目前发改部门要求企业建厂立项备案的提交资料是比较简单的，仅要求提供项目说明和真实性承诺说明。项目说明中要求明确项目总投资和建设总面积、单体面积、占地面积、生产设备数量等，并写入备案信息中。备案信息中的数据对后面办理规划文件和环评审批有限制作用，因此应在确定初步方案后办理立项备案手续。

（2）方案设计审核

方案设计审核在规划部门审核批准"建筑工程规划许可"过程中。审核内容包括总图、规划文本、建筑方案图。审批后的规划方案设计是施工图设计的依据。施工图中的各项规划指标和外形、面积、外观效果都是不能自行改变的，报政府审批的规划方案图是项目建设的重要控制环节。

（3）施工图设计审核

施工图设计审核包括第三方审核和建设部门消防专项审查等，是开工证办理的前置条件，第三方审查简称"强审"。

食品工厂项目在组织设计过程中，需要根据政府审批环节结合项目特点加强设计的过程控制。过程控制的重点是与生产工艺布置合理结合。政府设计审查不包括生产工艺部分，工艺设计又是各个设计阶段的决定条件。建设方应在各个设计环节中坚持先工艺设计、后功能设计、再建筑设计、再分专业设计。

项目的设计管理分为两个方面，即政府部门对设计的审查和建设单位对设计的自行审核。两者的管理目标一致，并且互相影响，但是侧重点有很大不同。应高度重视复杂食品工厂的方案设计，方案设计的深度需要符合生产工艺布置，功能方案齐全，并符合建筑、消防等各项强制设计规范。报审政府的设计方案只需要有建筑图，不需要有工艺设计，也没有详细尺寸，及水、电、气、通风等。如果方案设计深度不足，对配属功能缺乏详细分析，各专业间的设计矛盾没有及时暴露和解决，往往在施工图设计过程中就会出现边设计边修改、影响设计进度、增加投资的情况。甚至因使用功能设计不足，导致按内部布局、分隔调整设备布置或者按设备再次调整内部分隔。方案设计的深入程度可以与初步设计结合，达到初步设计的深度，也可以再区分成方案设计和深化方案设计。有的工厂建设为了压缩设计时间，在方案设计阶段仅仅满足政府的审批要求，而后直接按照简单方案进行施工图设计，导致反复调整修改后仍不符合政府的审批规定，出现设计违规问题。简单的方案设计或者没有方案设计直接进行施工图设计是违反基本建设程序的。工厂建设在设计阶段的通病是设计过程控制不力，对工艺设计与工程设计的结合关系认识不足，没有形成模式化、模块化的定型工厂方案。

建设方对设计阶段的成本预算管理可以从总体方案、结构形式、设计标准、设计合理性、设计深度等方面进行。项目设计质量的优劣，直接影响整个工程的建设质量和成本。设计好能最大限度实现功能要求，节约成本，提高工程质量，设计不好会给施工质量带来非常多的问题，造成施工成本浪费。建设方必须重视设计管理，加强设计质量的事前控制和过程中控制，并对设计的各阶段成果和最终成果进行详细的审查。

食品工厂总图设计越来越需要重视。工厂自动化程度越来越高，产能也非常大，需要厂区货运和交通面积越来越大，对主要的辅助功能用房独立的单体设计在安全、使用管理上更有优势。生产工人的停车需求和活动空间需要合理设计，工厂的美观外形也是发展方向。有些开发区要求的绿色工厂、文化特色工厂、产业园整体效果等都需要高水平的总图设计。

　　施工过程中的设计管理主要是设计完善和设计变更管理。施工过程中必须坚持"按图施工"，设计缺陷必须经设计单位修改后组织施工。设计修改必须坚持各专业共同评审修改。设计图纸和修改变更文件需建立管理台账。开工后仍需要补充完善设计的分项也应编制进度管理计划，在分项施工前设计完成。

六、甲施合同管理

　　合作前置是合同，未定合同风险高。
　　依法制定是根本，平等互信有基础。
　　阴阳合同不可取，违法约定甲方亏。
　　防范风险避分歧，日常管理定期查。
　　单方强势不客观，超出标准无依据。
　　合同内容要全面，权责明确有期限。
　　合同文件范本化，管理简洁流程快。
　　范本要按类型分，打磨标准执行严。
　　合同管理有责任，专业负责建档案。
　　合同偏差协议改，口头调整留缺陷。
　　各项完工对合同，责任未清后补难。
　　合同需要执行严，双方重视是关键。

　　合同管理也是甲方在施工阶段管理的重要内容。采取传统施工总承包模式的项目，甲方除签订总承包合同外还会签订设备采购合同和单项分包合同。采取 EPC 项目总承包模式的，项目总承包方仍需要签订较多的设备采购和分包合同。

　　合同是工程建设双方合作的基础。甲方应坚持确定合同后再组织总承包方进场开展施工准备。在没有确定合同的情况下，进场开展施工准备不利于双方合同尽快签订和达成一致，还可能出现安全责任风险。合同文本应体现在招标文件中，作为中标的条件之一。按建设部门规定，总承包合同需要按政府发布的规范文本进行审核备案，建设方在总承包招标或邀标前需要明确采用的合同文本和添加条款，添加条款涉及本公司规定和本项目特殊要求等。甲方增加的条款不应违反合同规范文本的基本约定，也不应违反《中华人民共和国合同法》和《中华人民共和国建筑法》规定的公平合理性。合同文本中的工期也需按相应工期定额进行约定。严重背离工期定额和建筑行业实际能力的工期压缩是导致施工过程延期的主要原因之一。以生产销售节点时间"倒排工期"的，需要结合工期定额规定和行业实际状况确定。强制压缩工期不仅造成施工成本增加和施工质量风险、安全风险，实际实施的工期也会严重滞后合同约定，无法实现强制的工期目标。

有一些项目的甲方、乙方签订两份总包合同，一份是政府备案合同，一份是实际执行合同，称为"阴阳合同"或者"黑白合同"。甲方将不备案的执行合同视为真合同。执行合同中有较多甲方单方强制和垫资等不符合建筑法规的条款。只有政府备案合同是建设部门支持的有法律依据的合同，签订不符合法规的合同无法获得法律和政府监管部门的支持。2019年2月执行的《最高人民法院关于审理建设工程施工合同纠纷案件适用法律问题的解释（二）》第一条规定：招标人和中标人另行签订的建设工程施工合同约定的工程范围、建设工期、工程质量、工程价款等实质性内容，与中标合同不一致，一方当事人请求按照中标合同确定权利义务的，人民法院应予支持。

施工过程中合同执行不严，脱离合同的管理也是建筑行业甲方、乙方和其他各方的通病。合同的过程管理和执行可以从组织合同内容学习，合同条款执行的岗位分工，分项工程完成后按合同验收、核对工程量等方面进行。

合同中应明确结算、变更的办理方式，也应对合同附件的预算清单进行详细的约定。预算清单编制的质量直接影响过程变更和竣工结算。预算清单应编制详细，不漏项，不缺项，对预估的变更情况约定清单调整方式。

有些企业在多次合同办理中出于甲方优势，不断修改调整合同条款，加强乙方责任同时降低甲方责任，形成企业自有的合同文本，存在不合理条款甚至是"霸王条款"，导致合同执行中引发乙方争议和不执行。根据政府发布的合同范本和企业建厂特性，公平合理增加详细约定，形成企业的合同范本，能够提高效率，并且为严格执行管理提供条件。根据建厂特点需要形成总承包合同、分包合同、设备采购合同三种主要模板，另外还有监理合同、设计合同、造价咨询等服务类合同。对政府法规文件要求的财政收费合同或者垄断性市政配套合同可以简化审核审批程序。

　　提高合同管理的另一个方面是加强合同中的施工标准约定和施工过程管理约定。图纸未明确的重要做法、特殊做法和质量要求，应在招标文件和合同中详细约定。施工过程中的施工安全、绿色环保、文明施工、场容场貌、临设办公等都需要在合同中详细约定。

　　合同管理从范本起草、签订审核到过程管理、验收交付、结算都需要确定责任人，做到专人专管。根据工程特点，由专业主管分工负责合同全过程管理。合同执行过程中，出现补充、澄清、调整时，甲乙双方应以合同约定的方式书面确认。施工过程中需要按合同检查核对，过程付款也需要核对合同约定的付款条件是否全部达到。单项或工程总体完成后，需确认是否按合同各项约定执行完成。

七、甲施质量管理

　　质量管理涉及多，八方主体责任大。
　　材料质量有品牌，施工质量在总包。
　　总包下面是劳务，劳务分工有班组。
　　层层管理不脱节，总包能力是中心。
　　总包公司有经验，项目团队专业强。
　　人工作业难控制，工厂组装发展好。
　　质量管理要把牢，开始施工制度严。
　　样板先行多抽查，分项完工要检查。
　　质量体系六要素，传统办法不过时。
　　观感质量需测量，隐蔽旁站也严格。
　　工厂建设高标准，功能质量要加强。
　　加强监理重奖罚，委托管理是方向。

　　工程质量是施工管理的中心，是工程建设的重要过程管控。建设方需要严格落实质量管理责任制，也应深入学习《建设工程质量管理条例》。工程质量涉及参加建设的各方，法规规定的八个主体责任方是建设方、设计方、地质勘察方、设计审查方、总承包方、监理方、质量检测方、混凝土供应方。八方主体各自承担质量责任，并实行终身负责制。建设方除承担自身责任外，还负责向政府建设部门提交、办理开工和竣工验收手续，有责任落实各方主体责任制和监督各方执行。工程质量的中心是施工质量，同时设计质量和材料、设备质量也应高度重视。因设计缺陷导致重大安全质量事故的案例很多，例如：结构开裂、地基下沉、装饰构件脱落、管道坍塌等。材料、设备的产品质量也是保证工程质量的前提条件。材料、设备的订货质量要求和进场检测是重要环节。选择品牌信誉好、质量标准高的材料、设备是提高工程质量的有效办法。

总承包方是施工质量管理的关键，建设方有责任对总承包方的质量管理进行监督。在选择总承包方的过程中也需高度重视施工质量管理的能力、经验和业绩。在施工质量管理中，建设方需充分支持和重视监理单位的管理和监督力度，支持监理单位落实执行监理职责。

施工质量管理中的工人施工能力差异较大，管理难度大，建设方应尽量采取工厂化的组装式结构和构配件，降低现场人工操作的难度，推进高新材料和设备的应用。

建设方应重视样板制度，在施工前应组织监理方与总承包方进行各主要分项的施工样板，坚持"样板引路和技术先行"，并加强验收力度，提高建设方质量管理的有效性。过程施工质量管理的主体和中心是施工总承包方，监督、检查的责任主体是监理单位。作为建设方应组织好质量管理程序，从质量管理制度和质量管理流程上管控住各分项施工质量。

食品工厂项目还需要重视生产使用的特殊质量要求，比如洁净、牢固、密封、坡度、检修等质量要求，需要在施工前明确交底，在施工样板中落实。由于食品工厂项目投产后大量工人长期使用和轻重型生产机械高重复性的运行，有些质量问题出现后直接影响生产等，因此需要对食品工厂项目的质量管理提出更高的要求。

建筑行业工程质量管理水平还不高，为了抢工期、降低成本而不顾及设计质量、施工质量的情况仍大量存在。一般情况下工厂自身建设的工程管理能力严重不足，也无法在单一建厂过程中快速总结积累建厂经验，引进有行业建设管理经验的第三方管理公司进行委托管理或顾问管理是提高能力和效率的发展方向。对于初始建设的企业可以采取从立项、规划、设计到施工的全过程顾问管理。

八、甲施安全管理

安全生产最重要，依法组织是红线。

政府安监管各方，甲方依法负总责。

安全责任要分清，没有协议不开工。

现场作业需合法，安全许可特种证。

总包安全设专岗，总包公司是主导。

日常监督监理管，监理尽责甲方强。

甲方依法最安全，违法主张危险多。

三级教育是传统，监督总包尽责任。

进场管理开好头，严格处罚不畏难。

指定分包责任大，纳入总包分权责。

细节约定执行严，合法合理无异议。

安全管理日日讲，做好资料责任轻。

国内建筑业发展至今，安全和文明施工管理仍然十分重要，甲方应明确认识自身对工程建设的安全管理责任。甲方首要依据《中华人民共和国建筑法》发包给有施工资质和安全资质的总承包施工企业，依法取得安全监督、施工许可等各项合法建设手续。依据《中华人民共和国安全生产法》，甲方有责任落实安全设施"三同时"制度。依据《危险性较大的分部分项工程安全管理规定》，甲方在招标组织过程中应落实"危大工程清单及其安全管理措施"。甲方除依法承担安全生产责任外，还需监督总承包方、监理方等参建各方的安全管理责任。

项目开工前需办理施工安全管理协议、安全事故应急救援预案，成立安全管理项目组并制定安全岗位责任制，审核监理单位编制的专项安全监理规划，审查总承包单位的安全岗位配备、安全专项施工方案，组织项目的安全培训和教育等。施工过程中组织安全检查、消防安全演练、监督安全技术交底和各项安全、文明施工措施执行等。

甲方安全管理的重点是与总承包单位的关系协调。总承包单位不是甲方的内部下级单位，不能采取行政命令方式，不能将甲方内部的管理制度直接用于总承包方，也不能将施工安全管理全部交由总承包单位自行负责、自行管理，不能将施工安全责任全部转移给总承包方。特别是工厂建设项目的施工安全不仅影响甲方企业形象，也直接影响项目工期，出现施工安全事故也能给甲方造成较大损失。政府建设部门、安监部门也会要求甲方参加、组织落实与施工安全有关的政策法规，出现施工安全事故和管理不合格时，也会要求甲方采取措施，甚至采取处罚和停工措施。

甲方与总承包单位的合作基础是合同，安全管理和文明施工的具体要求也应落实在合同中，在招标过程中将安全管理要求和管理措施、制度，依法、合规地体现在合同中。对规模大、危险性高的施工项目，甲方也需设置专职或兼职的安全管理岗位。甲方需支持和监督监理单位的安全管理职责和管理效果，对监理单位的安全管理职责和岗位设置也需要在监理合同中有明确的要求。

在施工过程中，甲方直接供货和指定分包的安全施工管理是甲方与总承包单位的协调难点。除在总承包合同中进行约定外，也应在供货和分包合同中进行约定，并建立总承包单位全面负责，监理单位全过程监督的管理制度。

建设单位自身从开工到竣工都需要及时整理归档安全管理资料，也应监督监理单位和总承包单位依法、依规及时完善安全管理资料，随时具备甲方和乙方内部的安全监察和政府部门的监督检查。在施工管理中树立"安全第一、高度重视"的统一思想，在确保安全、全部落实安全管理措施的条件下进行施工，杜绝因抢进度和降低成本导致违法、违规的施工安全风险。

九、甲施进度管理

进度分歧贯始终，抢工要求排第一。

合理制定有保证，倒排计划缺陷多。

工期定额是法规，违规压缩也无效。

进度约定要合理，严格执行才是本。

进度拖延总包责，停工退场甲方因。

进度管理总分包，材料供货影响大。

分项计划详细定，专业班组有计划。

熟悉图纸和预算，进度实现不漏项。

过程修改影响大，三边工程进度乱。

抢工进度质量差，违规风险留隐患。

前紧后松是弊端，拖延因素通病多。

施工进度在总包，总控进度甲方抓。

工程建设进度是参建各方、各部门的主要协调焦点。复杂食品工厂建设的进度矛盾更加突出。工厂使用部门在产能需求不旺的情况下，不会积极进行中长期规划，在产能需求迅速提高时会迫切要求尽快建设投产，强烈要求在销售旺季的时间节点前投产。有些产品的销售旺季在一年中仅有几个月。以销售需要的时间倒排投产工期是大多数工厂建设的计划原则。根据工厂建设投产的年度特点，倒排工期需要从前期策划进行控制，并且给投产前的安装、调试留有必要的余量时间。法规在工期上也有规定，国家和各地方的"工期定额"是指导性的也是约束性的，规定了合理工期和最大压缩工期。工期压缩超出工期定额规定的幅度不仅违反法规，也严重违反了建设行业的客观施工能力。

甲方对施工合同中的进度约定应科学合理，严重背离客观情况的进度约定不仅无法实现，也会导致合同管理失控。科学合理的约定是双方严格执行的基础。

总承包单位的管理能力是施工进度的主要因素。但在实际建设中，严重的进度拖延和停工大多是由甲方原因引起的，主要有规划设计调整、合同缺陷、工程款拖欠严重等情况。在严格督促总承包单位组织施工进度的同时，甲方需做好自身的材料、设备订货到场工作，做到"材料等工人，不能工人等材料"。只有材料、设备、周转料具和设计图纸等施工准备充分后，才能较好地避免工人窝工、进度拖延等情况。

对工程进度影响较大的方面是设计修改。出现设计修改时，需要迅速合理地组织各方确定调整办法并预估进度影响。较大的设计修改会导致严重的工程进度滞后，应及时向项目使用和投产需求部门提出，各方协商调整工期。避免在进度目标混乱情况下的盲目抢工，导致出现安全、质量问题，也避免出现局部抢工仍达不到总目标的情况。

施工过程中的进度管理需要进行详细的计划安排，除了编制总计划、月计划、周计划外还应编制各专业、各分项的进度计划，在各项计划中合理安排工序和交叉施工条件。甲方、监理和总承包项目管理人员都应该熟悉合同、合同附件、图纸和施工清单，并在施工过程中组织核对、避免漏项，避免后期再整改调整，增加拆改费用和工期。

工程建设总体进度的主导在于甲方的决策，施工过程中的进度取决于施工方和监理方的管理。甲方需确定总进度控制计划，避免因前期各环节滞后导致的不合理压缩施工工期。

复杂食品工厂的建设规模、产能密度、建筑密度，以及结构形式、功能布置、管道布置等细化设计都对施工进度有较大影响。复杂食品工厂在设计方案中也应兼顾施工难度，采取有利于施工的成熟、高效设计方案。

如何确定合理工期？工期能压缩多少？最快工期是多少？

最大压缩后的施工工期应以工期定额的 70％ 为限，压缩超过 30％ 的工期是不符合法规的。国家造价管理部门编制的工期定额是具有法律效力的。定额工期中规定"确定的施工工期严禁低于定额工期的 70％"。过度压缩后的工期不符合建筑行业的客观规律，不仅无法实现还会导致增加成本和施工组织管理混乱。

投资建设复杂食品工厂的集团企业应建立合理的工期管理办法，避免因市场销售主导下的由领导个人主观随意指定、压缩工期。需要在前期立项策划和规划设计阶段加强进度管控，避免前期拖延严重，大量占用建设总工期，在开工后又极大压缩施工工期赶回投产目标时间。

第三节　建设相关主题

一、食品工厂企业高管主旨

从手工到机械，从单一到集成，从自动到智能，从传统食品到快销食品，从休闲食品到方便食品，从餐饮中央厨房到食品加工仓储，从冷链配送到热链配送，从线下到线上，进入 21 世纪的国内食品产业迅猛发展，食品工业园区方兴未艾。

根据国家统计局公布的数据，2018 年规模以上食品企业的数量为 40793 个，是 2000 年（18676 个）的 2.18 倍；2019 年规模以上食品企业固定资产总计 63591 亿元，是 2000 年（3243 亿元）的 19.6 倍。2000 年后的食品行业同步国内生产总值 GDP 的快速增长，从平稳增长进入高速增长阶段。

食品加工、食品制造的高速发展带动了食品工厂的大规模建设，然而食品市场的需求多样复杂且变化迅猛，食品工厂规划建设远远跟不上行业需要的灵活快速，而食品加工起步低，发展需求高，从手工和单机起步，在快速混合发展中融合了工业 2.0 到工业 3.0 各个阶段的特点。

食品工厂建设是食品企业高管的难点和痛点，管理多变、诟病颇多。既希望通过建设高效工厂来降低食品安全风险，增加资产和社会信誉，通过食品生产加工的标准化、集约化实现质优价廉，创造核心竞争力，又对工厂建设的烦琐手续、周期、质量安全风险、过程不灵活和较高的工程成本望而却步。

食品工厂建设的瓶颈来自迅猛发展的食品业与传统建筑业的碰撞，来自食品业和建筑业的互相不适应。

食品工厂前期规划长，建设过程修改多。建设方与施工方矛盾重重，分歧首先来自对食品工厂复杂程度的认识不足。

食品工厂规划从建筑上来看是生产设备需要的各种大小空间，各种不同装饰做法，要防水又要排水，要强度又要坡度，要洁净又要耐清洗；从安装设备来看，常规的有通风、空调，给水、排水、排烟、强弱电，特殊的有净化、气动、燃气、蒸汽、锅炉、冷库、废水处理、废气处理、垃圾处理。

食品工厂的规划来自食品生产的需求，食品生产的需求来自市场销售对产品的要求。瞬息万变的市场导致建厂决策随时变化。高管对市场的引领也很不相同，决策者的更换也常常导致方案突变。面对规划和建设期长达 3～5 年，市场和决策常态化调整，需要建立长期的发展策略，建立工厂规划的决策研究机制，将个人决策变为集体决策，将建厂经验变为设计标准。

建设方和施工方的矛盾从来就有，施工方也从来不是弱势群体。食品业与建筑业在复杂食品工厂建设的过程中矛盾更加突出。食品行业高管面对建筑业"低价中标、高价索赔"这个跨时代顽疾，更多的是无法理解，甚至不惜投产拖延也绝不向施工方让步。而施工方在设计多次调整，施工组织严重拖累的情况下，已经不会把"重合同，守信誉"视为第一位。面对大量调整，复杂建设的责任，双方都误认为对方应当承担和负责。

行业诚信，甲方先行；依法建设，科学建厂；百年大计，匠心制造。对决策高管来说，建厂从来不是轻松容易的事情。科学发展、科学决策是发展的永恒主题。

二、承建食品工厂的总承包企业主旨

新冠疫情下的 2020 年，1~6 月国内规模以上食品工业企业实现利润总额 2706 亿元，同比增长 3.9%。放眼近十年快速发展的国内食品工业园区，建设繁荣之下是甲乙双方的纷争不断。

面对快速发展的食品工厂建设，即将承建的总承包企业做好准备了吗？

工程建设管理的难度不取决于规模大小，与几十万平方米的住宅项目相比，几万平方米的食品厂房规模很小，但已经是食品行业内的大车间了，过百亩（1 亩 ≈ 666.67m^2）的厂区也已是食品大工厂。食品工厂的建设特点就是规模不大，难度很高。

食品厂房需要满足特有的环境卫生要求，需要满足特有生产设备的高度和空间变化。食品工厂的厂房没有标准层也没有标准段，每一个局部都是特定的，都是不同的。从结构来看，是高大结构或异型结构，需要施工组织的是超高支撑和特定模板；从建筑来看，是生产设备需要的各种大小空间，各种不同装饰做法，要防水又要排水，要强度又要坡度，要洁净又要耐清洗；从安装来看，常见的设备有通风、空调、给水、排水、排烟、强弱电，不常见的还有净化、气动、燃气、蒸汽、锅炉、冷库、防尘、防爆、水处理等。

由于食品生产的特定环境和功能要求，食品工厂需要高标准的施工质量，每一处"跑冒滴漏"和开裂脱皮都是不允许的，每一处细节都要美观耐用且符合卫生标准，每一处结构和安装都要符合施工质量规范和安全设计标准。施工技术、质量管理仅仅停留在按图施工是不够的。管理团队需要有丰富的施工组织经验，也需要很好地了解食品工厂的专业特有设计。能力强、经验丰富的项目负责人和管理团队是食品工厂建设的有效保证。

对复杂食品工厂建设而言，总承包管理从进场开工起始，结束往往不是竣工验收或者是竣工备案，而是工厂投产。工厂投产前的生产设备安装期长达几个月，重大设备和管线往往会提前到工程后期进场安装，与工程收尾和验收交叉并行。在此期间，总承包管理不仅是工程方面的高强度自身组织管理，还要提供生产设备安装从施工作业面协商到拆改、修补、增项、管线接通、清理等协助配合工作。即使在工程竣工后，已经完成总承包合同内容的情况下，仍需要留有管理人员和工人班组保持质量维修和提供延伸服务的较强能力。

诚然，成本亏损的工程不会成为精品工程，没有利润的项目也难以产生高效的管理团队。亏损来自对食品工厂建设的不了解，来自施工方和建设方的负面博弈，也来自低价中标、高价索赔这个怪圈。新兴食品工厂建设方的决策者大多来自食品生产的管理者，还无法完全理解承包者低价中标的影响，更不能适应和有机会调整、应对高价索赔。因此，在食品工厂建设方面更容易产生双方的互不理解和误解，导致双方的互不信任和极大质疑。

作为总承包企业应当勇于承担起建设成本控制的主体，仍需要高举"重合同、守信誉"的旗帜。

食品行业的发展，食品工业的建设，即将形成专业化的管理团队，打造经验丰富的专业化施工管理团队是发展的需要，是历经建设磨砺的共识，更是工匠精神的呼唤！

三、建立食品工厂工程协会

协会是促进社会资源优化配置和建立政府、行业、企业间良性发展的重要纽带。工程建设涉及广泛的社会资源，食品工厂建设更需要行业内的交流互动。

食品企业大多还在自我摸索建设工厂，建设初始阶段的结果与预想目标相差很大，出现各种不可控风险。有些企业高层对工厂建设从积极热衷变为消极厌恶，甚至希望远离建筑行业，寻找其他租赁、代加工方式解决生产需要；也有集团企业经过多年建厂形成自有的经验标准和管理团队。

协会的出发点是形成食品行业建厂的主流价值共识，在建厂法律、法规执行，工厂建设条件、规划指标，建厂管理组织模式等方面形成共识。建厂过程中的风险、缺陷和经验教训在各企业间不断重复发生，规划建设从不科学、不合理到科学合理的曲折发展过程，是很多企业的必然经历。通过协会积极推动、不断总结并提出法规性和社会资源性的共性问题，形成行业建厂共识是提高效率、节约资源、促进行业良性发展的需要。

协会有责任促进、提高行业建设管理人员的能力，建立职业培训和职业资格的行业自律机制。建设方的从业资格在建筑行业中是最不规范的，处于无要求状态。建筑行业中的设计方、施工方、监理方、造价咨询等都有法律规定的从业资格和职业再培训规定，而作为建设主导的建设方从业人员几乎没有从业资格和培训方面的要求。食品工厂建设的复杂性、特殊性更需要有经验、有资格、经过培训的职业人担任组织管理者。建设方的管理人员也需要不断地交流学习，自我封闭的经验积累不但缓慢，还会形成固化狭隘的管理思路。系统培训学习是提高个人能力和行业水平的高效方式。

食品工厂的建设依据主要是食品类法规和工程类法规，涉及食品生产工艺、食品生产环境、职业健康、建筑工程设计、安全消防等。食品工厂建设需要不断收集、整理相关法规类问题，形成行业对法规、规范执行的基本要求，提高行业建设的效率和总体水平。对法规在执行过程中出现的行业特殊性问题，应通过调研总结出完善的指导办法，最终建立行业与政府监督管理部门在法律法规方面的良性关系。有关设计法规的另一方面是建立食品工厂设计交流平台，不断推广优秀规划设计方案和设计师团队。

食品企业建设工厂大多是短期计划，缺乏建设经验和资源。行业工程协会可以提供行业发展先进经验，避免较大的建设缺陷和风险。对共同的社会环境问题，在长足发展和总结后，能够给政府管理和政策制定提供行业意见。

食品工厂建设相比房地产项目规模小、工期长、变化调整多，难以获得设计、施工等单位的长期合作和互信成果，行业协会能够在各企业参与的基础上建立行业合作的信任机制，鼓励参与食品工厂设计、施工的合作方提供长期的诚信合作，监督各方的不诚信行为。

2019年3月15日发布的《关于推进全过程工程咨询服务发展的指导意见》中的最后一条关于行业协会措施是：

"有关行业协会应当充分发挥专业优势，协助政府开展相关政策和标准体系研究，引导咨询单位提升全过程工程咨询服务能力；加强行业诚信自律体系建设，规范咨询单位和从业人员的市场行为，引导市场合理竞争。"

行业协会中的专业协会发展是提升行业价值观、打造行业良性发展的必然趋势。

附录一：食品工厂建设涉及的建筑法规

建筑行业了解类

① 《中华人民共和国建筑法》

② 《中华人民共和国土地管理法》

③ 《中华人民共和国安全生产法》

④ 《中华人民共和国消防法》

⑤ 《中华人民共和国环境影响评价法》

⑥ 《中华人民共和国招标投标法》

⑦ 《国务院关于投资体制改革的决定（试行）》

⑧ 《食品生产企业安全生产监督管理暂行规定》

⑨ 《建设项目职业病防护设施"三同时"监督管理办法》

建筑行业管理类

① 《中华人民共和国城乡规划法》

② 《中华人民共和国人民防空法》

③ 《建设工程质量管理条例》

④ 《建设工程勘察设计管理条例》

⑤ 《建设工程安全生产管理条例》

⑥ 《中华人民共和国土地管理法实施条例》

⑦ 《中华人民共和国招标投标法实施条例》

⑧ 《保障农民工工资支付条例》

⑨ 《关于全面开展工程建设项目审批制度改革的实施意见》

⑩ 《企业投资项目核准和备案管理办法》

⑪ 《招标拍卖挂牌出让国有建设用地使用权规定》

⑫ 《建设工程勘察设计资质管理规定》

⑬ 《建筑工程施工许可管理办法》

建筑行业专业类

① 《中华人民共和国城镇国有土地使用权出让和转让暂行条例》

② 《特种设备安全监察条例》

③《民用建筑节能条例》

④《工程建设项目自行招标试行办法》

⑤《建设项目主要污染物排放总量指标审核及管理暂行办法》

⑥《劳动密集型加工企业安全生产八条规定》

⑦《招标拍卖挂牌出让国有土地使用权规范（试行）》

⑧《人民防空工程建设管理规定》

⑨《建设用地容积率管理办法》

⑩《建筑工程设计文件编制深度规定（2016版）》

⑪《房屋建筑和市政基础设施工程竣工验收备案管理办法》

⑫《规范住房和城乡建设部工程建设行政处罚裁量权实施办法》

⑬《房屋建筑和市政基础设施工程施工图设计文件审查管理办法》

⑭《建设工程消防设计审查验收管理暂行规定》

⑮《城市建设档案管理规定》

⑯《房屋建筑和市政基础设施工程施工招标投标管理办法》

⑰《建设工程消防设计审查验收工作细则》

⑱《危险性较大的分部分项工程安全管理规定》

⑲《工程设计资质标准》

⑳《房屋建筑和市政基础设施工程质量监督管理规定》

㉑《房屋建筑工程质量保修办法》

㉒《建筑施工企业安全生产许可证管理规定》

㉓《工程质量安全手册（试行）》

附录二：与食品工厂建设有关的重要法规条款及管理节点

1.《中华人民共和国土地管理法》

项目	内容
重要条款	**第十八条** 国家建立国土空间规划体系。编制国土空间规划应当坚持生态优先，绿色、可持续发展，科学有序统筹安排生态、农业、城镇等功能空间，优化国土空间结构和布局，提升国土空间开发、保护的质量和效率 经依法批准的国土空间规划是各类开发、保护、建设活动的基本依据。已经编制国土空间规划的，不再编制土地利用总体规划和城乡规划 **第四十四条** 建设占用土地，涉及农用地转为建设用地的，应当办理农用地转用审批手续 **第五十五条** 以出让等有偿使用方式取得国有土地使用权的建设单位，按照国务院规定的标准和办法，缴纳土地使用权出让金等土地有偿使用费和其他费用后，方可使用土地
管理节点	**前期选址**：土地总体规划、征地文件

2.《招标拍卖挂牌出让国有建设用地使用权规定》

项目	内容
重要条款	**第二十条** 以招标、拍卖或者挂牌方式确定中标人、竞得人后，中标人、竞得人支付的投标、竞买保证金，转作受让地块的定金。出让人应当向中标人发出中标通知书或者与竞得人签订成交确认书 **第二十一条** 中标人、竞得人应当按照中标通知书或者成交确认书约定的时间，与出让人签订国有建设用地使用权出让合同 **第二十三条** 受让人依照国有建设用地使用权出让合同的约定付清全部土地出让价款后，方可申请办理土地登记，领取国有建设用地使用权证书
管理节点	**前期审批**：成交确认书、国有建设用地使用权出让合同、缴纳土地使用权出让金、国有建设用地使用权证书

3.《企业投资项目核准和备案管理办法》

项目	内容
重要条款	**第四条** 根据项目不同情况,分别实行核准管理或备案管理 对关系国家安全、涉及全国重大生产力布局、战略性资源开发和重大公共利益等项目,实行核准管理。其他项目实行备案管理 **第四十三条** 项目备案后,项目法人发生变化,项目建设地点、规模、内容发生重大变更,或者放弃项目建设的,项目单位应当通过在线平台及时告知项目备案机关,并修改相关信息 **第五十条** 项目单位应当通过在线平台如实报送项目开工建设、建设进度、竣工的基本信息
管理节点	**前期审批:**企业投资项目备案、备案变更 **建设过程:**投资统计报表

4.《食品生产企业安全生产监督管理暂行规定》

项目	内容
重要条款	**第四条** 食品生产企业是安全生产的责任主体,其主要负责人对本企业的安全生产工作全面负责,分管安全生产工作的负责人和其他负责人对其职责范围内的安全生产工作负责 **第六条** 从业人员超过300人的食品生产企业,应当设置安全生产管理机构,配备3名以上专职安全生产管理人员,并至少配备1名注册安全工程师 前款规定以外的其他食品生产企业,应当配备注册安全工程师、专职或者兼职安全生产管理人员,或者委托安全生产中介机构提供安全生产服务 **第九条** 食品生产企业新建、改建和扩建建设项目(以下统称建设项目)的安全设施,必须与主体工程同时设计、同时施工、同时投入生产和使用。建设项目投入生产和使用后,应当在5个工作日内报告所在地负责食品生产企业安全生产监管的部门 **第十一条** 食品生产企业应当按照有关法律、行政法规的规定,加强工程建设、消防、特种设备的安全管理;对于需要有关部门审批和验收的事项,应当依法向有关部门提出申请;未经有关部门依法批准或者验收合格的,不得投入生产和使用
管理节点	**前期审批:**安全设施预评价 **竣工验收:**特种设备检测和使用登记

5.《建设项目职业病防护设施"三同时"监督管理办法》

项目	内容
重要条款	**第四条** 建设单位对可能产生职业病危害的建设项目,应当依照本办法进行职业病危害预评价、职业病防护设施设计、职业病危害控制效果评价及相应的评审,组织职业病防护设施验收,建立健全建设项目职业卫生管理制度与档案。建设项目职业病防护设施"三同时"工作可以与安全设施"三同时"工作一并进行 **第九条** 对可能产生职业病危害的建设项目,建设单位应当在建设项目可行性论证阶段进行职业病危害预评价,编制预评价报告 **第十五条** 存在职业病危害的建设项目,建设单位应当在施工前按照职业病防治有关法律、法规、规章和标准的要求,进行职业病防护设施设计 **第二十九条** 建设项目职业病防护设施未按照规定验收合格的,不得投入生产或者使用
管理节点	**前期审批**:职业病危害预评价 **投产审批**:职业病防护设施验收

6.《中华人民共和国环境影响评价法》(2018 年修正)

项目	内容
重要条款	**第七条** 国务院有关部门、设区的市级以上地方人民政府及其有关部门,对其组织编制的土地利用的有关规划,区域、流域、海域的建设、开发利用规划,应当在规划编制过程中组织进行环境影响评价,编写该规划有关环境影响的篇章或者说明 **第三十一条** 建设单位未依法报批建设项目环境影响报告书、报告表,或者未依照本法第二十四条的规定重新报批或者报请重新审核环境影响报告书、报告表,擅自开工建设的,由县级以上生态环境主管部门责令停止建设,根据违法情节和危害后果,处建设项目总投资额百分之一以上百分之五以下的罚款,并可以责令恢复原状;对建设单位直接负责的主管人员和其他直接责任人员,依法给予行政处分
管理节点	**前期审批**:环评文件 **投产审批**:环保验收

7.《建设项目主要污染物排放总量指标审核及管理暂行办法》

项目	内容
重要条款	(二)严格落实污染物排放总量控制制度,把主要污染物排放总量指标作为建设项目环境影响评价审批的前置条件。排放主要污染物的建设项目,在环境影响评价文件(以下简称环评文件)审批前,须取得主要污染物排放总量指标
管理节点	**前期审批**:主要污染物总量指标

8.《建设用地容积率管理办法》

项目	内容
重要条款	**第四条** ……容积率等规划条件未纳入土地使用权出让合同的,土地使用权出让合同无效 **第十一条** 城乡规划主管部门在对建设项目实施规划管理,必须严格遵守经批准的控制性详细规划确定的容积率 对同一建设项目,在给出规划条件、建设用地规划许可、建设工程规划许可、建设项目竣工规划核实过程中,城乡规划主管部门给定的容积率均应符合控制性详细规划确定的容积率,且前后一致,并将各环节的审批结果公开,直至该项目竣工验收完成
管理节点	**前期选址**:规划条件、控制性详细规划

9.《中华人民共和国城乡规划法》(2019 年修正)

项目	内容
重要条款	**第三十八条** ……未确定规划条件的地块,不得出让国有土地使用权 以出让方式取得国有土地使用权的建设项目,建设单位在取得建设项目的批准、核准、备案文件和签订国有土地使用权出让合同后,向城市、县人民政府城乡规划主管部门领取建设用地规划许可证 **第四十条** 在城市、镇规划区内进行建筑物、构筑物、道路、管线和其他工程建设的,建设单位或者个人应当向城市、县人民政府城乡规划主管部门或者省、自治区、直辖市人民政府确定的镇人民政府申请办理建设工程规划许可证 申请办理建设工程规划许可证,应当提交使用土地的有关证明文件、建设工程设计方案等材料。需要建设单位编制修建性详细规划的建设项目,还应当提交修建性详细规划。对符合控制性详细规划和规划条件的,由城市、县人民政府城乡规划主管部门或者省、自治区、直辖市人民政府确定的镇人民政府核发建设工程规划许可证 **第四十五条** 县级以上地方人民政府城乡规划主管部门按照国务院规定对建设工程是否符合规划条件予以核实。未经核实或者经核实不符合规划条件的,建设单位不得组织竣工验收。建设单位应当在竣工验收后六个月内向城乡规划主管部门报送有关竣工验收资料
管理节点	**前期审批**:建设用地规划许可证、建设工程规划许可证、规划总图、规划方案 **竣工验收**:规划验收文件

10.《中华人民共和国人民防空法》

项目	内容
重要条款	**第二十二条** 城市新建民用建筑,按照国家有关规定修建战时可用于防空的地下室 **第四十八条** 城市新建民用建筑,违反国家有关规定不修建战时可用于防空的地下室的,由县级以上人民政府人民防空主管部门对当事人给予警告,并责令限期修建,可以并处十万元以下的罚款
管理节点	**前期选址**:人防设计要求

11.《人民防空工程建设管理规定》

项目	内容
重要条款	**第四十五条** 城市新建民用建筑,按照国家有关规定修建防空地下室 前款所称民用建筑包括除工业生产厂房及其配套设施以外的所有非生产性建筑 **第四十七条** 新建民用建筑应当按照下列标准修建防空地下室 (一)新建 10 层(含)以上或者基础埋深 3 米(含)以上的民用建筑,按照地面首层建筑面积修建 6 级(含)以上防空地下室 (二)新建除一款规定和居民住宅以外的其他民用建筑,按照地面建筑面积的 2%~5%修建 6 级(含)以上防空地下室 (三)开发区、工业园区、保税区和重要经济目标区除一款规定和居民住宅以外的新建民用建筑,按照一次性规划地面总建筑面积的 2%~5%集中修建 6 级(含)以上防空地下室 按二、三款规定的幅度具体划分:一类人民防空重点城市按照 4%~5%修建;二类人民防空重点城市按照 3%~4%修建;三类人民防空重点城市和其他城市(含县城)按照 2%~3%修建 **第五十条** 任何部门和个人无权批准减免应建防空地下室建筑面积和易地建设费,或者降低防空地下室防护标准 **第五十三条** 在对应建防空地下室的民用建筑设计文件组织审核时,应当由人民防空主管部门参加,负责防空地下室的防护设计审核。未经审核批准或者审核不合格的,规划部门不得发给建设工程规划许可证,建设行政主管部门不得发给施工许可证,建设单位不得组织开工 **第五十四条** 经人民防空主管部门批准需缴纳防空地下室易地建设费的,建设单位在办理建设工程规划许可证前,应当先缴纳防空地下室易地建设费。建设单位缴纳易地建设费后,人民防空主管部门应当向建设单位出具由财政部或者省、自治区、直辖市人民政府财政主管部门统一印制的行政事业性收费票据 **第五十七条** 防空地下室竣工验收实行备案制度,建设单位在向建设行政主管部门备案时,应当出具人民防空主管部门的认可文件
管理节点	**前期审批**:人防设计方案、人防易地建设批复 **建设过程**:人防监理 **竣工验收**:人防设备系统检测、人防工程联合验收

12.《房屋建筑和市政基础设施工程施工图设计文件审查管理办法》

项目	内容
重要条款	**第三条** 国家实施施工图设计文件(含勘察文件,以下简称施工图)审查制度 **第九条** 建设单位应当将施工图送审查机构审查,但审查机构不得与所审查项目的建设单位、勘察设计企业有隶属关系或者其他利害关系。送审管理的具体办法由省、自治区、直辖市人民政府住房城乡建设主管部门按照"公开、公平、公正"的原则规定 建设单位不得明示或者暗示审查机构违反法律法规和工程建设强制性标准进行施工图审查,不得压缩合理审查周期、压低合理审查费用 **第十一条** 审查机构应当对施工图审查下列内容: (一)是否符合工程建设强制性标准; (二)地基基础和主体结构的安全性; (三)消防安全性; (四)人防工程(不含人防指挥工程)防护安全性; (五)是否符合民用建筑节能强制性标准,对执行绿色建筑标准的项目,还应当审查是否符合绿色建筑标准; (六)勘察设计企业和注册执业人员以及相关人员是否按规定在施工图上加盖相应的图章和签字; (七)法律、法规、规章规定必须审查的其他内容 **第十二条** 施工图审查原则上不超过下列时限 (一)大型房屋建筑工程、市政基础设施工程为15个工作日,中型及以下房屋建筑工程、市政基础设施工程为10个工作日 (二)工程勘察文件,甲级项目为7个工作日,乙级及以下项目为5个工作日。以上时限不包括施工图修改时间和审查机构的复审时间 **第十三条** 审查机构对施工图进行审查后,应当根据下列情况分别作出处理: (一)审查合格的,审查机构应当向建设单位出具审查合格书,并在全套施工图上加盖审查专用章。审查合格书应当有各专业的审查人员签字,经法定代表人签发,并加盖审查机构公章。审查机构应当在出具审查合格书后5个工作日内,将审查情况报工程所在地县级以上地方人民政府住房城乡建设主管部门备案 (二)审查不合格的,审查机构应当将施工图退建设单位并出具审查意见告知书,说明不合格原因。同时,应当将审查意见告知书及审查中发现的建设单位、勘察设计企业和注册职业人员违反法律、法规和工程建设强制性标准的问题,报工程所在地县级以上地方人民政府住房城乡建设主管部门 施工图退建设单位后,建设单位应当要求原勘察设计企业进行修改,并将修改后的施工图送原审查机构复审 **第十四条** 任何单位或者个人不得擅自修改审查合格的施工图;确需修改的,凡涉及本办法第十一条规定内容的,建设单位应当将修改后的施工图送原审查机构审查 **第十五条** 勘察设计企业应当依法进行建设工程勘察、设计,严格执行工程建设强制性标准,并对建设工程勘察、设计的质量负责

续表

项目	内容
重要条款	审查机构对施工图审查工作负责，承担审查责任。施工图经审查合格后，仍有违反法律、法规和工程建设强制性标准的问题，给建设单位造成损失的，审查机构依法承担相应的赔偿责任 **第十八条** 按规定应当进行审查的施工图，未经审查合格的，住房城乡建设主管部门不得颁发施工许可证 **第十九条** ……涉及消防安全性、人防工程（不含人防指挥工程）防护安全性的，由县级以上人民政府有关部门按照职责分工实施监督检查和行政处罚，并将监督检查结果向社会公布
管理节点	**前期审批**：施工图审查合格书 **建设过程**：施工图修改审查文件

13.《中华人民共和国防震减灾法》

项目	内容
重要条款	**第三十五条** 新建、扩建、改建建设工程，应当达到抗震设防要求
管理节点	**前期手续**：地质勘察报告、抗震设计审核文件

14.《保障农民工工资支付条例》

项目	内容
重要条款	**第二十三条** 建设单位应当有满足施工所需要的资金安排。没有满足施工所需要的资金安排的，工程建设项目不得开工建设；依法需要办理施工许可证的，相关行业工程建设主管部门不予颁发施工许可证 **第二十四条** 建设单位应当向施工单位提供工程款支付担保 建设单位与施工总承包单位依法订立书面工程施工合同，应当约定工程款计量周期、工程款进度结算办法以及人工费用拨付周期，并按照保障农民工工资按时足额支付的要求约定人工费用。人工费用拨付周期不得超过1个月 **第二十五条** 施工总承包单位与分包单位依法订立书面分包合同，应当约定工程款计量周期、工程款进度结算办法 **第二十六条** 施工总承包单位应当按照有关规定开设农民工工资专用账户，专项用于支付该工程建设项目农民工工资。开设、使用农民工工资专用账户有关资料应当由施工总承包单位妥善保存备查 **第二十九条** 建设单位应当按照合同约定及时拨付工程款，并将人工费用及时足额拨付至农民工工资专用账户，加强对施工总承包单位按时足额支付农民工工资的监督
管理节点	**前期审批**：农民工工资保证金缴存证明或工程款支付担保 **建设过程**：农民工工资支付台账、维权信息告示牌

15.《建设工程质量管理条例》

项目	内容
重要条款	**第三条** 建设单位、勘察单位、设计单位、施工单位、工程监理单位依法对建设工程质量负责 **第五条** 从事建设工程活动,必须严格执行基本建设程序,坚持先勘察、后设计、再施工的原则 **第七条** 建设单位应当将工程发包给具有相应资质等级的单位 建设单位不得将建设工程肢解发包 **第十条** 建设工程发包单位不得迫使承包方以低于成本的价格竞标,不得任意压缩合理工期 **第十二条** 实行监理的建设工程,建设单位应当委托具有相应资质等级的工程监理单位进行监理,也可以委托具有工程监理相应资质等级并与被监理工程的施工承包单位没有隶属关系或者其他利害关系的该工程的设计单位进行监理 下列建设工程必须实行监理 (一)国家重点建设工程 (二)大中型公用事业工程 (三)成片开发建设的住宅小区工程 (四)利用外国政府或者国际组织贷款、援助资金的工程 (五)国家规定必须实行监理的其他工程 **第十三条** 建设单位在领取施工许可证或者开工报告前,应当按照国家有关规定办理工程质量监督手续 **第十六条** 建设单位收到建设工程竣工报告后,应当组织设计、施工、工程监理等有关单位进行竣工验收……建设工程经验收合格的,方可交付使用 **第十七条** 建设单位应当严格按照国家有关档案管理的规定……移交建设项目档案 **第二十三条** 设计单位应当就审查合格的施工图设计文件向施工单位作出详细说明 **第三十条** 施工单位必须建立、健全施工质量的检验制度,严格工序管理,作好隐蔽工程的质量检查和记录 **第四十三条** 国家实行建设工程质量监督管理制度 **第四十九条** 建设单位应当自建设工程竣工验收合格之日起 15 日内,将建设工程竣工验收报告和规划、公安消防、环保等部门出具的认可文件或者准许使用文件报建设行政主管部门或者其他有关部门备案 **第七十八条** 本条例所称肢解发包,是指建设单位将应当由一个承包单位完成的建设工程分解成若干部分发包给不同的承包单位的行为
管理节点	**前期审批**:八方主体备案、施工合同备案、监理合同备案、质量监督备案、总工期计划 **建设过程**:图纸会审、设计变更、隐蔽验收、质监抽检 **竣工验收**:工程竣工验收、工程档案移交、竣工备案

16.《建设工程安全生产管理条例》

项目	内容
重要条款	**第四条** 建设单位、勘察单位、设计单位、施工单位、工程监理单位及其他与建设工程安全生产有关的单位,必须遵守安全生产法律、法规的规定,保证建设工程安全生产,依法承担建设工程安全生产责任 **第六条** 建设单位应当向施工单位提供施工现场及毗邻区域内供水、排水、供电、供气、供热、通信、广播电视等地下管线资料,气象和水文观测资料,相邻建筑物和构筑物、地下工程的有关资料,并保证资料的真实、准确、完整 **第八条** 建设单位在编制工程概算时,应当确定建设工程安全作业环境及安全施工措施所需费用 **第十条** 建设单位在申请领取施工许可证时,应当提供建设工程有关安全施工措施的资料 **第十二条** 勘察单位应当按照法律、法规和工程建设强制性标准进行勘察,提供的勘察文件应当真实、准确,满足建设工程安全生产的需要 **第十三条** 设计单位应当按照法律、法规和工程建设强制性标准进行设计,防止因设计不合理导致生产安全事故的发生 **第十四条** 工程监理单位应当审查施工组织设计中的安全技术措施或者专项施工方案是否符合工程建设强制性标准 **第二十条** 施工单位从事建设工程的新建、扩建、改建和拆除等活动,应当具备国家规定的注册资本、专业技术人员、技术装备和安全生产等条件,依法取得相应等级的资质证书,并在其资质等级许可的范围内承揽工程 **第二十三条** 施工单位应当设立安全生产管理机构,配备专职安全生产管理人员。专职安全生产管理人员负责对安全生产进行现场监督检查。发现安全事故隐患,应当及时向项目负责人和安全生产管理机构报告 **第二十四条** 建设工程实行施工总承包的,由总承包单位对施工现场的安全生产负总责。总承包单位应当自行完成建设工程主体结构的施工 **第三十八条** 施工单位应当为施工现场从事危险作业的人员办理意外伤害保险 **第四十二条** 建设行政主管部门在审核发放施工许可证时,应当对建设工程是否有安全施工措施进行审查,对没有安全施工措施的,不得颁发施工许可证
管理节点	**前期选址**:市政条件、地下管线等咨询 **前期手续**:安全防护、文明施工措施费用相关资料,施工安全资质,施工现场周边环境及地下设施情况表,意外伤害保险,安全生产考核合格证书,现场勘验表,安监备案 **建设过程**:安全措施方案、起重设备检测、安全岗位资质、安全生产责任制度和教育培训制度、特种设备登记、安全技术交底、安全标识布置、消防安全责任制度、生产安全事故应急救援预案

17.《危险性较大的分部分项工程安全管理规定》(2019 年修订)

项目	内容
重要条款	**第六条** 勘察单位应当根据工程实际及工程周边环境资料,在勘察文件中说明地质条件可能造成的工程风险 设计单位应当在设计文件中注明涉及危大工程的重点部位和环节,提出保障工程周边环境安全和工程施工安全的意见,必要时进行专项设计 **第七条** 建设单位应当组织勘察、设计等单位在施工招标文件中列出危大工程清单,要求施工单位在投标时补充完善危大工程清单并明确相应的安全管理措施 **第八条** 建设单位应当按照施工合同约定及时支付危大工程施工技术措施费以及相应的安全防护文明施工措施费,保障危大工程施工安全 **第九条** 建设单位在申请办理施工许可手续时,应当提交危大工程清单及其安全管理措施等资料 **第二十条** 对于按照规定需要进行第三方监测的危大工程,建设单位应当委托具有相应勘察资质的单位进行监测
管理节点	**前期审批**:危大工程专项设计、危大工程清单及相关措施及方案 **建设过程**:危大工程专项施工方案、危大工程监测合同

18.《建设工程消防设计审查验收管理暂行规定》

项目	内容
重要条款	**第二条** 特殊建设工程的消防设计审查、消防验收,以及其他建设工程的消防验收备案(以下简称备案)、抽查,适用本规定 **第六条** 消防设计审查验收主管部门应当及时将消防验收、备案和抽查情况告知消防救援机构,并与消防救援机构共享建筑平面图、消防设施平面布置图、消防设施系统图等资料 **第八条** 建设单位依法对建设工程消防设计、施工质量负首要责任。设计、施工、工程监理、技术服务等单位依法对建设工程消防设计、施工质量负主体责任。建设、设计、施工、工程监理、技术服务等单位的从业人员依法对建设工程消防设计、施工质量承担相应的个人责任 **第十四条** 具有下列情形之一的建设工程是特殊建设工程 …… (四)总建筑面积大于二千五百平方米的影剧院,公共图书馆的阅览室,营业性室内健身、休闲场馆,医院的门诊楼,大学的教学楼、图书馆、食堂,劳动密集型企业的生产加工车间,寺庙、教堂 (五)总建筑面积大于一千平方米的托儿所、幼儿园的儿童用房,儿童游乐厅等室内儿童活动场所,养老院、福利院,医院、疗养院的病房楼,中小学校的教学楼、图书馆、食堂,学校的集体宿舍,劳动密集型企业的员工集体宿舍 ……

项目	内容
重要条款	（九）生产、储存、装卸易燃易爆危险物品的工厂、仓库和专用车站、码头，易燃易爆气体和液体的充装站、供应站、调压站 **第十五条** 对特殊建设工程实行消防设计审查制度。特殊建设工程的建设单位应当向消防设计审查验收主管部门申请消防设计审查，消防设计审查验收主管部门依法对审查的结果负责。特殊建设工程未经消防设计审查或者审查不合格的，建设单位、施工单位不得施工 **第二十五条** 建设、设计、施工单位不得擅自修改经审查合格的消防设计文件。确需修改的，建设单位应当依照本规定重新申请消防设计审查 **第二十六条** 对特殊建设工程实行消防验收制度 **第三十三条** 对其他建设工程实行备案抽查制度。其他建设工程经依法抽查不合格的，应当停止使用
管理节点	**前期审批**：消防设计文件、特殊建设工程消防设计审查意见书、建设工程消防验收备案表 **建设过程**：消防材料质量文件、检测文件，消防设计修改审查文件，消防设施性能、系统功能联调联试 **竣工验收**：特殊建设工程消防验收申请表、特殊建设工程消防验收意见书、建设工程消防验收备案抽查复查申请表、建设工程消防验收备案抽查/复查结果通知书

19.《建筑工程施工许可管理办法》（2021年修正）

项目	内容
重要条款	**第二条** 在中华人民共和国境内从事各类房屋建筑及其附属设施的建造、装修装饰和与其配套的线路、管道、设备的安装，以及城镇市政基础设施工程的施工，建设单位在开工前应当依照本办法的规定，向工程所在地的县级以上地方人民政府住房城乡建设主管部门（以下简称发证机关）申请领取施工许可证 工程投资额在30万元以下或者建筑面积在300平方米以下的建筑工程，可以不申请办理施工许可证。省、自治区、直辖市人民政府住房城乡建设主管部门可以根据当地的实际情况，对限额进行调整，并报国务院住房城乡建设主管部门备案 按照国务院规定的权限和程序批准开工报告的建筑工程，不再领取施工许可证 **第三条** 本办法规定应当申请领取施工许可证的建筑工程未取得施工许可证的，一律不得开工 任何单位和个人不得将应当申请领取施工许可证的工程项目分解为若干限额以下的工程项目，规避申请领取施工许可证 **第四条** 建设单位申请领取施工许可证，应当具备下列条件，并提交相应的证明文件： ……

项目	内容
重要条款	（五）有满足施工需要的资金安排、施工图纸及技术资料，建设单位应当提供建设资金已经落实承诺书，施工图设计文件已按规定审查合格 （六）有保证工程质量和安全的具体措施。施工企业编制的施工组织设计中有根据建筑工程特点制定的相应质量、安全技术措施。建立工程质量安全责任制并落实到人。专业性较强的工程项目编制了专项质量、安全施工组织设计，并按照规定办理了工程质量、安全监督手续 第八条　建设单位应当自领取施工许可证之日起三个月内开工。因故不能按期开工的，应当在期满前向发证机关申请延期，并说明理由；延期以两次为限，每次不超过三个月。既不开工又不申请延期或者超过延期次数、时限的，施工许可证自行废止 第九条　在建的建筑工程因故中止施工的，建设单位应当自中止施工之日起一个月内向发证机关报告，报告内容包括中止施工的时间、原因、在施部位、维修管理措施等，并按照规定做好建筑工程的维护管理工作 建筑工程恢复施工时，应当向发证机关报告；中止施工满一年的工程恢复施工前，建设单位应当报发证机关核验施工许可证
管理节点	**前期审批**：质量监督书、安全监督书、施工许可证 **建设过程**：延期开工报告、停工报告、复工报告

20.《中华人民共和国安全生产法》（2021 年修正）

项目	内容
重要条款	第二十四条　矿山、金属冶炼、建筑施工、运输单位和危险物品的生产、经营、储存、装卸单位，应当设置安全生产管理机构或者配备专职安全生产管理人员 前款规定以外的其他生产经营单位，从业人员超过一百人的，应当设置安全生产管理机构或者配备专职安全生产管理人员；从业人员在一百人以下的，应当配备专职或者兼职的安全生产管理人员 第三十一条　生产经营单位新建、改建、扩建工程项目（以下统称建设项目）的安全设施，必须与主体工程同时设计、同时施工、同时投入生产和使用。安全设施投资应当纳入建设项目概算 第三十二条　矿山、金属冶炼建设项目和用于生产、储存、装卸危险物品的建设项目，应当按照国家有关规定进行安全评价 第三十三条　建设项目安全设施的设计人、设计单位应当对安全设施设计负责 第三十四条　矿山、金属冶炼建设项目和用于生产、存储、装卸危险物品的建设项目的施工单位必须按照批准的安全设施设计施工，并对安全设施的工程质量负责

续表

项目	内容
重要条款	**第四十条** 生产经营单位对重大危险源应当登记建档,进行定期检测、评估、监控,并制定应急预案,告知从业人员和相关人员在紧急情况下应当采取的应急措施 生产经营单位应当按照国家有关规定将本单位重大危险源及有关安全措施、应急措施报有关地方人民政府应急管理管理部门和有关部门备案。有关地方人民政府应急管理部门和有关部门应当通过相关信息系统实现信息共享 **第四十一条** 生产经营单位应当建立安全风险分级管控制度,按照安全风险分级采取相应的管控措施 生产经营单位应当建立健全并落实生产安全事故隐患排查治理制度,采取技术、管理措施,及时发现并消除事故隐患。事故隐患排查治理情况应当如实记录,并通过职工大会或者职工代表大会、信息公示栏等方式向从业人员通报。其中,重大事故隐患排查治理情况应当及时向负有安全生产监督管理职责的部门和职工大会或者职工代表大会报告 县级以上地方各级人民政府负有安全生产监督管理职责的部门应当将重大事故隐患纳入相关信息系统,建立健全重大事故隐患治理督办制度,督促生产经营单位消除重大事故隐患 **第四十四条** 生产经营单位应当教育和督促从业人员严格执行本单位的安全生产规章制度和安全操作规程;并向从业人员如实告知作业场所和工作岗位存在的危险因素、防范措施以及事故应急措施 生产经营单位应当关注从业人员的身体、心理状况和行为习惯,加强对从业人员的心理疏导、精神慰藉,严格落实岗位安全生产责任,防范从业人员行为异常导致事故发生
管理节点	**建设过程**:重大危险源应急预案、重大危险源标识牌、安全检查教育制度、安全培训记录

21.《生产安全事故应急预案管理办法》

项目	内容
重要条款	**第五条** 生产经营单位主要负责人负责组织编制和实施本单位的应急预案,并对应急预案的真实性和实用性负责;各分管负责人应当按照职责分工落实应急预案规定的职责 **第十六条** 生产经营单位应急预案应当包括向上级应急管理机构报告的内容、应急组织机构和人员的联系方式、应急物资储备清单等附件信息。附件信息发生变化时,应当及时更新,确保准确有效
管理节点	**建设过程**:生产安全事故应急预案、重大危险源辨识、安全生产责任制、经理岗位责任书、总包岗位责任书、施工安全协议、安全技术措施、安全专项施工方案、安全技术交底、安全事故上报制度、安全标识布置图、污染防治措施

22.《中华人民共和国消防法》（2021年修正）

项目	内容
重要条款	**第十一条** 国务院住房和城乡建设主管部门规定的特殊建设工程,建设单位应当将消防设计文件报送住房和城乡建设主管部门审查,住房和城乡建设主管部门依法对审查的结果负责 前款规定以外的其他建设工程,建设单位申请领取施工许可证或者申请批准开工报告时应当提供满足施工需要的消防设计图纸及技术资料 **第十三条** 国务院住房和城乡建设主管部门规定应当申请消防验收的建设工程竣工,建设单位应当向住房和城乡建设主管部门申请消防验收 前款规定以外的其他建设工程,建设单位在验收后应当报住房和城乡建设主管部门备案,住房和城乡建设主管部门应当进行抽查 **第二十一条** 禁止在具有火灾、爆炸危险的场所吸烟、使用明火。因施工等特殊情况需要使用明火作业的,应当按照规定事先办理审批手续,采取相应的消防安全措施;作业人员应当遵守消防安全规定 进行电焊、气焊等具有火灾危险作业的人员和自动消防系统的操作人员,必须持证上岗,并遵守消防安全操作规程
管理节点	**建设过程**:消防安全制度、动火证、特种作业证 **竣工验收**:消防验收备案

23.《城市建设档案管理规定》（2019年修订）

项目	内容
重要条款	**第二条** 本规定适用于城市市内(包括城市各类开发区)的城建档案的管理 **第六条** 建设单位应当在工程竣工验收后三个月内,向城建档案馆报送一套符合规定的建设工程档案。凡建设工程档案不齐全的,应当限期补充。停建、缓建工程的档案,暂由建设单位保管 **第七条** 对改建、扩建和重要部位维修的工程,建设单位应当组织设计、施工单位据实修改、补充和完善原建设工程档案。凡结构和平面布置等改变的,应当重新编制建设工程档案,并在工程竣工后三个月内向城建档案馆报送 **第八条** 列入城建档案馆档案接收范围的工程,城建档案管理机构按照建设工程竣工联合验收的规定对工程档案进行验收
管理节点	**建设过程**:工程档案管理规定 **竣工验收**:工程档案验收

24.《房屋建筑和市政基础设施工程竣工验收备案管理办法》

项目	内容
重要条款	**第四条** 建设单位应当自工程竣工验收合格之日起15日内,依照本办法规定,向工程所在地的县级以上地方人民政府建设主管部门(以下简称备案机关)备案 **第五条** 建设单位办理工程竣工验收备案应当提交下列文件 (一)工程竣工验收备案表

续表

项目	内容
重要条款	（二）工程竣工验收报告。竣工验收报告应当包括工程报建日期，施工许可证号，施工图设计文件审查意见，勘察、设计、施工、工程监理等单位分别签署的质量合格文件及验收人员签署的竣工验收原始文件，市政基础设施的有关质量检测和功能性试验资料以及备案机关认为需要提供的有关资料 （三）法律、行政法规规定应当由规划、环保等部门出具的认可文件或者准许使用文件 （四）法律规定应当由公安消防部门出具的对大型的人员密集场所和其他特殊建设工程验收合格的证明文件 （五）施工单位签署的工程质量保修书 （六）法规、规章规定必须提供的其他文件 住宅工程还应当提交《住宅质量保证书》和《住宅使用说明书》 **第七条** 工程质量监督机构应当在工程竣工验收之日起5日内，向备案机关提交工程质量监督报告 **第八条** 备案机关发现建设单位在竣工验收过程中有违反国家有关建设工程质量管理规定行为的，应当在收讫竣工验收备案文件15日内，责令停止使用，重新组织竣工验收 **第九条** 建设单位在工程竣工验收合格之日起15日内未办理工程竣工验收备案的，备案机关责令限期改正，处20万元以上50万元以下罚款 **第十条** 建设单位将备案机关决定重新组织竣工验收的工程，在重新组织竣工验收前，擅自使用的，备案机关责令停止使用，处工程合同价款2%以上4%以下罚款
管理节点	**竣工验收**：规划验收、环保验收、消防验收、工程竣工验收报告、工程质量监督报告、工程竣工验收备案

25.《关于发布排污许可证承诺书样本、排污许可证申请表和排污许可证格式的通知》

项目	内容
持证须知重要条款	二、应当在生产经营场所内方便公众监督的位置悬挂本证正本。禁止涂改、伪造本证。禁止以出租、出借、买卖或者其他非法方式转让本证。 三、本证应当包含持证单位所有纳入排污许可管理的废水和废气排放口，未载明但排放废水和废气的，属于违法行为
管理节点	**投产审批**：排污许可证

后　记

　　建厂的主题不仅是快速低价，更应是科学合理。建厂的目的不仅是扩大生产、提高产能，更应是高效灵活、适应发展。建厂的过程不仅是修改和抢工，更应是总结和研发。建厂的结果不仅是投产销售，更应是提高核心竞争力。面对复杂的规划和建设过程，一人的经验总结难免偏颇错漏。本书以抛砖引玉的想法，希望能有更多的现代食品工厂建设经验成为越来越多管理者交流的行业共识。

　　欢迎与行业共识之士探讨和交流。

　　　　　　　　　　　　　邮箱：664095975@qq.com